一書讀透
管理學
關鍵詞

夢芝 著

U0111012

萬里機構

前　言

　　被譽為「經營之神」的松下幸之助說過一句話：「企業最大的資產是人。」而管理學又是一門研究人類在社會管理活動中出現各種現象和規律的學科，因此管理者帶領企業和團隊離不開管理學理論的支撐。企業管理人員想要把企業做大，把團隊帶好，就需要精通管理學理論。

　　在歲月的長河中，有無數博學多才的學者和有膽有謀的企業家為管理學做出了卓越的貢獻，他們總結出大量的管理學理論，讓管理學成為一座名副其實的寶庫，讓後來者在這座寶庫裏尋覓到了管理團隊的「真經」。

　　本書精選了其中的幾十條理論，以豐富的案例和通俗的語言，為讀者深入淺出地分析管理學理論的奧秘，主要有四大鮮明的特點：

　　第一，作者摒棄傳統的管理學分類，根據每條理論的實用性，根據管理工作的八大職能——計劃、訊息、協調、指導、溝通、決策、執行和創新，將管理學理論進行分類，以此搭建出本書的主體脈絡。而且這八個欄目根據管理步驟，循序漸進、環環相扣，讀起來邏輯清晰、條理分明，能夠讓讀者對管理工作的每一個程序都有明確的認識和掌握。

第二，管理學理論難免有些枯燥晦澀，為了提升讀者的閱讀興趣，本書在每一條理論的文章開頭都配有一則幽默故事，並採用該理論解讀這則幽默故事，讓讀者在會心一笑的同時輕輕鬆鬆地讀懂該理論。

　　第三，為了讓讀者有更深的體會，本書還在每條理論解讀中融入兩至三個相關的管理案例。這些案例涵蓋了中國、美國、日本、英國、以色列等多個國家和地區的著名企業及其管理者，讓讀者領略到世界各地的優秀管理者面對同樣的管理問題時會採取怎樣不同的管理方法，又分別帶來怎樣不同的效果。

　　第四，我們學習管理學就是要學以致用。為了方便讀者使用這些管理學理論，作者在每篇文章的結尾都設立了一個日常應用欄目，裏面有根據該條理論延伸拓展出的實際操作，讓讀者不只是讀懂管理學，還會靈活應用管理學。

　　人類世界是一個不斷變幻的空間，針對人的社會活動所誕生的管理學更是一門動態的學科。想要把管理學理論用到實處，就要站在時代發展的前沿，結合自身企業或團隊的特點進行操作和應用。

　　最後，祝各位輕鬆掌握管理技能，把自身、團隊和公司打造得更好！

目 錄

第 **1** 章

計劃篇

運籌於帷幄之中，決勝於千里之外

木桶理論
佔領售票處

美國內戰時期，約翰·布朗率兵起義，政府司令官部署隊伍應戰，並制訂出完美的作戰計劃：上校率兵駐守公路，上尉率兵駐守鐵路。

司令官的計劃無懈可擊。然而在戰爭中，敵人卻如潮水般湧出鐵路口，政府部隊節節敗退。

氣惱的司令官急忙把上尉催回來，問他究竟是怎麼回事。

上尉也很困惑：「司令，我也不清楚怎麼回事，我可是嚴格按照您的吩咐去做的。」

司令官問：「你和你的士兵在幹甚麼？」

上尉理直氣壯地說：「我們接到命令後，就迅速佔領了售票處，並燒毀了全部車票。」

趣味點評

一般人的慣性思維裏，要想通過鐵路，需要去售票站買車票。上尉想當然以為佔領售票處並禁止售賣車票，就能阻止敵人通過鐵路，顯然這個決策荒唐又滑稽。司令官的部署本來是一個很完美的作戰計劃，卻因上尉的愚蠢而失敗。這種由於組織中某一下屬的失職造成組織巨大損失的行為，管理學稱之為「木桶效應」。

管理學解讀

一隻木桶能裝多少水，並不取決於桶壁上最高的那塊木板，而是由桶壁上那塊最短木板決定的，這就是「木桶理論」。這個理論是由美國管理學家彼得‧德魯克提出來的，這個理論告訴我們：一間公司或團隊的短板，是決定其價值的關鍵因素，優勢部分能夠讓組織某一方面向前發展，但劣勢部分卻能讓組織水平整體下滑。

美國某食品飲料公司素有「全球最受讚賞飲料公司」的美譽，發展勢頭非常迅猛。然而，就是這樣一家全球聞名的公司，卻在進入中國市場時受阻，而差點讓該公司在中國市場敗北的，就是管理學中提到的「木桶效應」。

在剛進入中國市場時，該公司高層安排一名很優秀的美國人做中國區負責人。由於這名負責人對中國人有極大偏見，認為中國人根本不可能勝任公司的工作，所以他走馬上任後制訂的第一個計劃，就是絕不招聘中國籍員工，而是讓美國籍員工學習中文。當這些美國籍員工不遠萬里從美國來到中國，卻根本完全不懂中國本土文化，他們的產品無法取得中國消費者的認同，銷售業績十分慘淡。

靈活運用「長板理論」

幸虧公司高層很快認識到了這個問題，迅速換掉了那個負責人，取而代之的是熟悉中國本土文化的一名負責人。他不但把員工都換成中國人，還把所有的製作、渠道、發貨和物流等業務都外包給擅長這些領域的中國本土企業。這位新負責人還請來了娛樂圈最具粉絲流量的明星做代言，而且還去各地做公益活動。在這位新負責人的管理下，該公司很快打開了中國市場。

在這則公司管理案例中，我們可以看到上面那則幽默故事中「木桶理論」的真實再現：美國那位公司高層相當於指揮官，前負責人相當於上尉。指揮官的計劃是完美的，中國市場很大，一旦

打開中國市場，該公司的產品銷售量就會呈 N 倍地上升。但他沒有仔細考察前負責人是否了解中國市場，也就是沒有考量到他的短板。

公司安排的前負責人儘管很優秀，但他對中國市場的了解很狹隘，這是他的短板，就像那個上尉一樣。而在接下來的管理過程中，他把這個短處放大了無限倍，乃至於整間公司在中國的發展都受到極大限制。公司高層意識到這位負責人拉低了組織的整體水平，於是馬上做出「撤掉這塊短板」的決定。這個決定猶如「亡羊補牢，猶未晚也」。最終，新負責人用恰當的管理思維事半功倍地轉扭了公司的績效。

新負責人為避免跌入「木桶理論」泥潭，運用了「長板理論」。他深深懂得外國企業到了中國，在渠道、物流等方面不但缺乏成熟的體系，也缺乏豐富的運作經驗，於是他把這些短板業務都外判給了本土公司，自己只抓緊品牌運營。在互聯網時代，垂直細分會讓短板更短，長板卻可以做到極致。新負責人請來娛樂圈最有粉絲流量的明星做代言，又去各地做公益，很快就把品牌運營做到有聲有色。而他外判出去的那些業務，也因為外判方是所在領域的長板，所以做得非常出色。

日常應用

管理者對下屬委以重任時，一定要對其能力做到心中有數，團隊中某一個下屬的失職，會給團隊造成巨大的損失。想要杜絕自己的計劃被下屬耽誤，在日常管理中可以這樣做。

1 撤掉短板換長板

像前面案例中那樣，調離能力不足的員工，換用精通該項目的員工來擔任這項工作。

2 固強補弱，消除制約

當發現員工有短板卻又不得不任用時，就要想方設法提升他的能力，補齊他的短板，最終將劣勢轉換成優勢。

列文定理
未來的路很長

一個男子要跳樓，警察趕到後詢問他跳樓原因。

男子說：「結婚前，所有人都告訴我，結婚是一件幸福的事情。可是我結婚一年了，卻經常吵架，而且每次都以我挨揍結束戰爭。後悔的滋味太難受了，不如一死了之。」

警察安慰道：「小夥子，看開點兒，你還有父母，未來的路還很長。」

男子被警察的話打動，面露猶豫之色。

這時，聞訊趕到現場的妻子沖着樓頂大聲喊道：「老公，你不要死，我們未來的路還很長……」

妻子話未說完，丈夫便毫不猶豫地縱身跳了下去。

趣味點評

丈夫受不了妻子的折磨，但又捨不得放棄生命，所以才會在樓頂猶豫不決。可他沒有能力掌控自己未來的生活，特別是聽到妻子提到未來時，讓他更加確信這一點。為了不讓自己餘生都在後悔中度過，他用跳樓結束了一切。這雖然只是一個笑話，但卻生動地詮釋了法國管理學家 P. 列文的那條管理學定理——「列文定理」。

「列文定理」指的是如果沒有能力去統籌和把握，餘下時間就只有後悔。經營企業和經營婚姻有異曲同工之妙，而經營的核心就在於決策。一個管理人員的決策有沒有成效，取決於他有沒有能力去計劃和統籌。

說到管理者，英國首相可以說是典型代表。一般的企業管理者只是管理一個部門，而英國首相管理的卻是一個國家。英國首相在治理國家的過程中經常運用管理學理論，這些理論幫他們把國家管理得井井有條。但也有首相進行着糟糕的管理，形象地詮釋了「列文定理」，比如卡梅倫和他的脫歐項目。

卡梅倫是一個優秀的管理者，他 39 歲時就憑藉優秀的管理才能，一舉當選為保守黨的領袖；五年後，他又被選為英國首相。從上任那天起，卡梅倫就大刀闊斧地對英國進行了一系列改革：解決國內失業人員問題，加快削減財政預算赤字，讓經濟復蘇起來，讓不同種族之間的居民和諧相處等。在卡梅倫的領導下，這些問題都得到了改善。英國民眾很相信卡梅倫的管理能力，《福布斯》全球最具影響力人物排行榜上，卡梅倫名列第十，可見他的管理才能得到了公眾認可。

一子錯，滿盤皆落索

然而，在卡梅倫一帆風順的管理生涯中，「脫歐」絕對算得上是一大敗筆。英國和歐盟之間的歷史淵源由來已久，早在卡梅倫接受首相職位之前，英國歷代首相為了加入歐盟，以及協調歐元和英鎊之間的矛盾，付出過諸多努力。但卡梅倫在任期間，竟提出「英國脫歐」計劃。

英國國內的局勢讓卡梅倫面臨失去民心和競爭失敗的風險；此時，卡梅倫做出一個錯誤決策：公投脫歐！他以為這樣就能震懾歐盟，贏得國內人民的心。這就好像上面那則幽默故事裏的那個小夥子，以為結了婚就會過上幸福生活。但他低估了合作

夥伴——妻子的配合度，導致婚後生活非常痛苦。而卡梅倫也低估了英國民眾脫歐的決心。

雖然身為堂堂一國的首相，掌握着整個國家的政治命脈，但公投後的結果卻遠遠超出了卡梅倫的掌控範圍，局面越來越失控，卡梅倫回天乏術，最終不得不辭掉首相職務。和那個結了婚卻又不能掌控自己未來的小夥子一樣，在接下來的日子裏，卡梅倫將在後悔中度過。

所謂管理，是能力和決策的體現。沒有把握局面的能力，面臨競爭時就會猶豫不決，即使做出計劃，也不一定是戰略性的決策，最終只會使企業發展停滯不前。管理者在做每一個決策之前，一定要衡量自己有沒有能力去統籌和把握這個決策，否則就會「一著不慎，滿盤皆輸」。

日常應用

管理，是能力的管理，而非才能的管理。如果不想做出錯誤的決定，那麼管理者就要在日常管理中做到以下幾點。

1 了解發展局面，根據走向做計劃

在做一項決策之前，先了解清楚全域走向，根據該走向做出正確的計劃和準備，這樣就可以有效避免做出錯誤決策。

2 提升能力，讓自己充滿自信

卡梅倫在公投脫歐後不久就提出辭呈，這是他在缺乏力挽狂瀾的信心下做出的又一個決定。作為一個決策者，要在工作中不斷提升自己的能力，這樣才能讓自己充滿自信，避免工作中出現慌亂無力的現象，從而讓工作能夠順利進行。

藍斯登原則
項目經理被投訴

公司休息室裏，銷售員對翻譯官説：「今天收到總部消息，説以色列地區項目暫停，項目經理正在挨批評呢。平日他經常找我們的麻煩，看到他現在這樣的下場，有點心涼！」

翻譯官意味深長地説：「我早就料到他有今天，以色列客戶早該投訴他了。」

銷售員好奇地問：「你怎麼知道他是被以色列客戶投訴了？」

翻譯官得意地説：「他每找麻煩一次，我就把他請客戶吃豬肉的事情翻譯給客戶聽。」

趣味點評

項目經理作為一名管理者，總是擺出一副高高在上的姿態，對下屬吆五喝六，甚至沒事找麻煩，以為這樣就能樹立權威。他忽略了管理是對人的管理，他這樣的做事方法只能引起下屬怨恨。當下屬不能在舒暢的環境中工作時，輕則辭職，重則報復，就像翻譯官做的那樣。

管理學家注意到這個現象，提出「藍斯登原則」——給員工快樂的工作環境，他回報給你的是高效的工作效率。反之，則是暗箭。

管理學解讀

「藍斯登原則」是由美國管理學家藍斯登提出的。他說:「在管理方面,一個人要進退有度,才不會進退維谷。作為一個管理者,只有讓你的下屬在愉快的環境中工作,才能心情舒暢,從而避免內心的抵觸,工作才能順利地進展。」

在這個快速發展的互聯網時代,企業外部的良好發展,必須依賴於企業團隊內部的穩定。一個內部穩定的團隊,其領導者一定是進退有度的人,一定是能夠給員工提供一個快樂工作環境的人。

中國的互聯網企業中,規模最大的當屬阿里巴巴。馬雲是阿里巴巴的創始人,更是最高層的管理者,同時也是一名有着豐富管理經驗的管理者。

在 2019 年 9 月 10 日這天,馬雲辭職,不再擔任阿里巴巴集團董事會主席。他的離開引起集團上下的不捨,尤其在他發表辭職演講之後,團隊裏不捨的氣氛更是達到高潮。馬雲心裏清楚,自己是這個團隊的核心,如果因自己離開,而讓這種不捨情緒一直蔓延下去,就會影響到團隊工作,於是他想了一個把大家的快樂情緒都調動起來的好辦法。

在年會上,他穿着一身 Punk(朋克)風上台,為員工們放聲歌唱了一首《怒放的生命》。在歌聲中,大家都哈哈大笑,並跟着節奏打起了拍子,員工們的不捨情緒一掃而空。馬雲説:「這就對了。我們來到這個世界不只是工作,還要享受人生。我們是來做人,而不只是做事。所以我們要先快樂地活着,然後才快樂的工作。」

馬雲用自己的幽默詼諧淡化了員工們對他離別的不捨情緒。年會過去一個月後,員工們説起馬雲的辭職,腦海中迴蕩的依然是年會上他帶給大家的快樂回憶;管理者的換屆對於員工並沒有造成不良影響,人心也未出現動搖。作為一個管理者,不只是自

身的管理問題會影響下屬的工作情緒，更多的時候，來自外部的壓力也會讓員工變得消沉或緊張。

蘇聯領導人赫魯曉夫在競選中央第一書記時，受到了來自國內各個陣營的反對。尤其在競選前夕，整個競選氣氛的緊張程度達到了高潮。赫魯曉夫察覺出這一點，他對大家說：「目前這種局面，只有聰明絕頂的人才能贏。大家說是不是？」眾人連連點頭說：「是。」

「那勝利一定是屬我們的。」赫魯曉夫自信地說。眾人表示不解。赫魯曉夫指了指自己的光頭，笑着說：「看我都絕頂這麼多年了，足夠聰明啦！」聽了他的話，所有人都會心地笑了起來。

當一個團隊面對的都是指責聲，團隊整體氛圍也會變得很緊張，團隊的每一個人都會處於焦慮和擔心的狀態，部分員工甚至會產生抵觸和消極的情緒。赫魯曉夫用自己的光頭作為幽默素材，讓工作人員開懷大笑之餘，也讓他們看到了他的豁達和自信。

無論是現在的馬雲，還是過去的赫魯曉夫，都是精通「藍斯登原則」的管理者，**他們巧妙地化解了員工的負面情緒，打造出愉快的工作環境，**這種愉悅淡化了員工內心的抵觸情緒，營造出了自然而放鬆的工作氛圍，員工也由此對未來充滿了希望。

幽默故事中的項目經理，以為對下屬吆五喝六就能樹立威信，這種想法是錯誤的，那樣只會讓下屬感到壓抑，甚至心生抵觸和反抗情緒。只有像馬雲和赫魯曉夫那樣，讓員工在快樂愉悅的環境中工作，團隊才能積極健康地發展。

日常應用

作為一個優秀的管理者，只有讓你的下屬在愉快的環境中工作，他才能心情舒暢，工作才能順利進行下去。做到以下幾點，有助於打造愉悅的工作環境。

1 做下屬的朋友

與下屬相處時切忌板着面孔，而是要像朋友那樣具有親和力。冷冰冰的面孔，只會給下屬一種距離感和壓迫感，會讓他們感到壓抑。一旦覺得壓抑，員工就不可能全身心投入工作，工作效率也會降低，甚至會選擇逃離這種氛圍。

2 要有寬容心

人無完人，當下屬做事情未能達到你的預期時，要用寬容心去鼓勵，而不是責備、打壓。你的鼓勵能夠讓員工直接面對自己的缺點並努力加以改正，一味責備和打壓只會適得其反。

3 苦樂共享

身為管理者，有必要了解和關心下屬的生活情況和工作狀態。在他們需要幫助的時候鼓勵他們、安慰他們並給予幫助，做到苦樂共享、其樂融融，在這種和諧溫暖的工作環境下，下屬工作起來自然高效率。

苛希納定律
裁掉的不是兄弟

公司老總在年會上說：「我們永遠不會開除任何一個兄弟。」

員工們聽了都很高興。

半年後，公司宣佈裁員。員工們群情激憤，質問老總。

老總笑答：「我們裁的可都是女員工。」

趣味點評

沒有人希望裁掉自己的員工，所以老總才會說出那句「不裁掉兄弟」的話。但作為企業管理者，又必須解決人員設置不合理的現象。在管理中，如果實際工作人員比最佳人數多兩倍，工作時間就要多兩倍，工作成本相應要多四倍；如果實際工作人員比最佳人數多三倍，工作時間就要多三倍，工作成本相應要多六倍。

幽默故事中的老總，為了企業發展，不得不裁員。管理者想要把企業利益最大化，就必須降低工作成本。這就是管理學中的「苛希納定律」。

管理學解讀

做過管理者的人都知道，工作效率的高低和員工的多少並不成正比，而是取決於員工的才能。用最少的員工，做最有效率的工作，獲得最大的回報，這是每個管理者夢寐以求的，所以他們在管理過程中會經常採用「苛希納定律」。

在投資界，最受股神巴菲特推崇的是 3G 資本，而把「苛希納定律」用到最為極致的也是 3G 資本。甚至可以說，正是因為將「苛希納定律」用到了極致，3G 資本才能在投資界佔據重要地位，受到巴菲特的推崇和青睞。一直以來，3G 資本都在默默從事管理投資，幾乎不被外界所熟知。2015 年，股神巴菲特和 3G 資本聯手收購了亨氏番茄醬和卡夫食品，這成為食品業史上最大的並購案，3G 資本也由此進入世人的目光。

3G 資本的三個創始人被稱之為「巴西三劍客」，在成立 3G 資本的時候，這三個人毫無從商經驗，但是他們深諳管理學中的「苛希納定律」。

他們剛開始收購的都是破敗企業，這些企業都是因為管理不善而破產；巴西三劍客利用極少的資本將它們購買下來。他們沒有變更企業的業務，而是在員工管理上下功夫。在他們大刀闊斧的管理改革之下，企業主管和大多數員工都被裁掉，只留下能助力企業發展的主管和員工。其中有一家企業的主管被他們開除了九成，只留下一成，但就是這一成主管，卻在六個月內讓公司的價值翻了三倍以上。

這個事實生動地說明一個道理：一家企業的發展，是由管理者的企業經營理念所決定的。3G 資本留下少量的員工，工作成本降低了，這些員工又都很有實力，工作效率也提升了，公司利潤自然也就大幅增加。

然而，在很多企業中，管理者都會犯「十羊九牧」的錯誤——一個組長配備三個副組長，一個主任配備四個副主任，這類現象

隨處可見。由於人員眾多，出現官僚之風，同時這些人資質平庸，只能低效地工作，這樣的團隊是無法將項目做好的。

身為一名管理者，在計劃實施一個項目時，所面臨的第一件事情，就是安排員工。千萬不要像幽默故事中的那個老總，拍着胸脯說「絕不裁掉一個兄弟」，那樣的話，等到團隊結構變得龐大臃腫不得不裁員時，公司管理者就會面臨尷尬局面。

我們要做的是像 3G 資本的「巴西三劍客」那樣，**在員工管理上不貪多而繁，只求少而精，保證每一個員工都是頭腦靈活、能力優秀且有着強烈責任心的人。**只有把「用人貴在精」這個管理理念落實到位並應用自如，我們的項目乃至整個企業，才能具備強大的核心競爭力。

日常應用

用最低的工作成本獲取最高的工作效率，這是完美完成計劃的根本所在，也是企業發展的核心競爭力。在企業人員配置上，做到以下幾點，就能打造出一個低成本、高效率的團隊。

① 精簡機構，和臃腫龐大說「No」

盡量讓企業內部的機制變得簡單，彼此工作領域清晰，絕不互相干涉，這樣就能做到員工資源重複使用。

② 招收優秀人才，重塑企業文化

制定一個選才標準，新員工必須要憑能力入職。員工入職後，要不斷設立一個又一個目標來讓新員工完成，並運用能力評價體系對員工進行評價，保證員工的優秀性。

③ 加強培訓，重新提升企業效率

企業不是養老院，不養閒人，發現員工能力不足、效率不高者，就要及時進行培訓，提高他的能力，這樣才能有效提升企業的工作效率。

史華茲論斷
讓煮熟的鴨子飛過來

　　美國波音公司和歐洲空中巴士公司為了搶奪日本「全日空」市場打得不可開交。恰在此時，波音公司連續出了三次空難事故。

　　就在全世界都認為「全日空」市場要被歐洲空中巴士公司搶走時，出人意料的是日本竟然把「全日空」市場讓給了波音公司。

　　有人問波音公司的總裁威爾遜究竟用了甚麼妙計？

　　威爾遜回答說：「雖然鴨子已在他們鍋裏煮好，但我計劃分給日本一半，所以日本就讓煮熟的鴨子飛過來了。」

趣味點評

　　波音公司在搶奪市場之際，連續遭遇空難，動盪的局勢讓公司危機四伏，此時別說開闢新市場，連現有的江山都可能毀掉。但威爾遜面對挫折卻沒有自暴自棄，而是採取有效措施扭轉了不利局勢：他用足夠豐厚的利潤打動了客戶，把壞事變成好事。威爾遜利用的就是管理學中的「史華茲論斷」。

美國管理學家 D. 史華茲說：**「所有不幸的事情，只有在我們認為它很糟糕的時候，才會真正地成為壞事。」**這就是「史華茲論斷」。

無論是個人發展，還是企業管理，這條定律均適用。也就是說，事情無論多麼糟糕，只要我們能樂觀看待，耐心地採取有效措施應對，就有可能最終扭轉局面，將壞事變成好事。

「讓煮熟的鴨子飛過來」的威爾遜就是其中之一，而華為的董事長任正非也是一個很好的例子。

2019 年是華為逆境重生的一年。作為世界級通訊企業，華為宣佈了 5G 技術的研發和應用。看着華為在通訊領域的猛進，美國彷彿被捅了馬蜂窩似的開始跳腳，上至美國總統特朗普，再到美國國務卿等官員，紛紛施展招數圍追堵截華為。

同年 4 月，當匈牙利和瑞士等歐洲各國宣佈和華為合作建立 5G 基站，美國國務卿開始發招，他威脅這些國家，如果選擇和華為合作，就將取消情報共享。隨後，在 7 月，美國總統特朗普又簽署行政命令：不許美國機構用華為設備，也不許美國企業為華為提供零件。這樣一來，華為就面臨着市場和供應鏈雙向的封鎖。

壞中看好，別有洞天

所有人都為「華為教父」任正非捏了一把汗。要知道，華為已不是一個單純的中國企業，它的銷售鏈和採購鏈已延伸到世界各地。華為作為一家國際性大企業，一旦採購鏈和銷售鏈被封鎖，就等同於被斬斷了命脈，華為亦將成為死水一潭。還有比這更糟糕的事情嗎？任何一個管理者在面對強權美國乃至世界各國的堵截時，都難免方寸大亂、不知所措、舉步維艱。

然而，面對嚴重危機，任正非卻並沒有慌張，他每次出面接受專訪時都很鎮定從容，他笑稱：「感謝美國幫華為做了這麼大的

宣傳。這樣一來，全世界都知道華為的技術和產品已經立足於世界領先位置了。」任正非沒有把美國的圍追堵截看成一件壞事，而他這樣的說辭讓人聽來確實如此，讓大家都覺得這的確不失為一件好事。

本來華為的員工都很擔心這件事情，而任正非通過輿論上的力挽狂瀾，一下子就把美國煞費苦心樹立的「華為是一個敵人」的陰謀一舉擊破，讓員工的心也安定了下來，大家都專注於自己的工作，好像美國圍追堵截的不是華為一樣。與此同時，任正非堅持自力更生的戰略，推出自主研發的操作系統。通過這項措施，讓與華為合作的企業紛紛看到了華為的實力，堅定了和華為合作的決心。

在這場危機中，任正非憑着「壞中看好，別有洞天」的管理經驗，令華為迅速恢復生機，而且發展得更加蓬勃。作為一個管理者，出現危機並不可怕，只要頭腦保持冷靜，用辯證的思維去看待危機，理性沉着地處理危機，就能轉危為安，反敗為勝。

日常應用

企業在搶奪市場之際，難免會遭遇動盪局勢。管理者想要扭轉局面，可以採取以下有效措施。

1 辯證看問題，危機變契機

當危機來襲，要辯證地看待問題。只是一味地看到危機帶來的危害，頭腦就會慌亂，甚至自暴自棄。應該用辯證的方法來看待危機，努力扭轉局勢，危機就能變成契機。

2 樹立憂患意識，防患於未然

在管理過程中，要有時刻準備迎接危機的意識，並提前儲備應對危機的能力，這樣的話，當危機來襲時就能成功打敗危機。

弗洛斯特法則
乞丐的今天

初入股市的小李和同事大劉去燒餅店吃午飯，他一邊吃燒餅，一邊掏出手機看股票。

同事大劉看到後，勸他說：「不要盲目入股啊！股市有風險，一定得謹慎。首先要確定你想投資的股票是哪些，就像修築長城一樣，把風險大的股票屏蔽在外……」

「嘿，等一等，這麼小心翼翼怎麼賺錢？」小李很不以為然。

這時，一個乞丐進來乞討，小李給了他一個燒餅。乞丐一邊啃燒餅，一邊湊過去看小李手機屏幕上的股票。

乞丐說：「你這個同事說得很對啊！」

小李問：「你怎麼知道他說的對呢？」

乞丐說：「我當初就沒聽朋友勸，不然我能有今天？」

趣味點評

小李想要入股市發大財，但卻對股市風險全然不知；大劉提醒他要謹慎，告誡他若盲目跟風，輕則竹籃打水，重則全軍覆沒。小李根本不懂大劉的苦心，這時乞丐現身說法，讓小李意識到了股市風險。

乞丐正是因為沒有一個明晰的界定，才讓自己錢財盡失淪為乞丐。這讓小李明白了界定明晰的重要性。「要築一堵牆，首先就要明晰築牆的範圍，把那些真正屬自己的東西圈進來，把那些不屬自己的東西圈出去。」大劉對小李的勸導，體現的便是管理學中的「弗洛斯特法則」。

管理學解讀

「弗洛斯特法則」是由美國思想家弗洛斯特提出來的，又名「界定範圍法則」。所謂「界定範圍」，是指有一個明晰的標準，這個標準可以是條款，也可以是定量，總之是通過事物的某種性質進行分類，並通過所定的標準來劃定區域。

對於管理者而言，在做計劃時，對出現的結果要有一個清晰認識，在此基礎上界定好決策的內容範圍。只有這樣，才能清楚在實現計劃過程中，選擇甚麼、放棄甚麼。

就好像大劉告訴小李的那樣，界定好範圍，才知道該選擇哪些股票進行投資，該放棄哪些股票規避風險。如果沒有做出這個界定範圍，那麼小李最終的結果就會和那個乞丐一樣。

在企業發展過程中，管理者做的是計劃，面向的是員工，只有管理者做出計劃界定範圍，下屬員工才知道該做甚麼、不該做甚麼。在這一點上，Facebook（臉書）的創始人朱克伯格就做得非常好。

Facebook 是美國乃至全球最大的社交平台之一，擁有數量龐大的用戶。用戶註冊 Facebook 時會提供自己的資料，因而 Facebook 後台成為一個大數據庫。當用戶擔心自己的隱私會被洩露時，朱克伯格一再向用戶保證會確保他們的隱私安全。

然而，2018 年 Facebook 爆出用戶數據被洩露的消息，同時也扯出 Facebook 和很多公司達成訊息共享協議。顯然，用戶個人資料數據在用戶不知情的情況下被 Facebook 用作了商業用

途，這是傷害用戶權益的行為。針對這一事件，美國紐約的大陪審團對 Facebook 公司展開了調查，頓時將朱克伯格推到了風口浪尖上。

身為 Facebook 公司的管理者，朱克伯格既要應付陪審團對 Facebook 的調查，還要為 Facebook 未來的發展做出計劃和決策。對於前者，朱克伯格只需要配合，律師來做就行；但後者卻讓他有些為難，因為他要直接面對犯下這個錯誤的下屬。

隱私數據屬產品安全問題，只有保證產品安全的員工才能確保公司順利發展；如果不能保證產品安全，那麼負責產品的員工就必須被排除在這一範圍之外，也就是說，負責這一產品的產品官要承擔這個責任，離開公司。

按照一般的情況，員工犯了這麼大的錯，理所當然是要被開除的。然而，讓朱克伯格犯難的是，這名產品官考克斯是 Facebook 公司的創始人之一。當初朱克伯格創建 Facebook 時，這位產品官和他一起夜以繼日、廢寢忘食地經營，才有了現在龐大的 Facebook 帝國。現在讓這名元老離開，朱克伯格實在張不開嘴。

用幽默化解尷尬

但是，身為管理者，無論在友情方面多麼難以割捨，朱克伯格都無法逃避所要面對的現實，除了面對，他別無他法。好在朱克伯格是一個幽默的人，他用幽默化解了這份無奈和尷尬。

2019 年 3 月的一天，朱克伯格和考克斯進行了一次深入的談話。考克斯本以為朱克伯格會說讓 Facebook 捲入輿論漩渦的隱私事故，卻沒有想到朱克伯格對此隻字不提，只是提到自己家那款 AI 智能助手。

朱克伯格說：「你知道的，我打造了一款家庭 AI 助手 Jarvis。他的確幫了我們很多，甚至他還能和我女兒 Max 玩遊戲，總是哄她高興。但是，最近他的程序發生錯誤，差點誤傷了孩子，導致我們家一片混亂，我知道應該把他劃出我們的圈子，但我又怕傷

了他的心。」

考克斯説：「不會的。物盡其用，可以把他放到適合他的場所。」第二天考克斯就離職了；之後，朱克伯格任命了一個擅長和重視隱私加密的人為新產品官。考克斯並沒有因此埋怨朱克伯格，相反對他處理這件事的能力表示欽佩，而 Facebook 的隱私問題也得到了相應的解決。

朱克伯格是一個重情義的人，對於考克斯這個一起並肩作戰十幾年的老夥伴，他有着很深的感情。但他身為管理者，更懂得「弗洛斯特法則」的重要性：**管理者對企業需求要有明晰的界定，把那些真正屬自己的東西圈進來，不屬自己的東西圈出去。只有做到這點，才能讓企業順利發展。**朱克伯格若直接開除考克斯的話，會讓考克斯十分尷尬甚至心生怨恨，而他利用 AI 助手這個引子讓考克斯知難而退，巧妙而幽默地化解了這場尷尬。

如果朱克伯格不更換產品官，而是任由隱私事故發酵下去，事態只會越來越嚴重，最後很可能只會像案例中的乞丐那樣輸得一敗塗地。

日常應用

無論面對企業發展，還是面對市場風險，對於該選擇甚麼、該放棄甚麼，管理者都要有準確的評估；一旦評估錯誤的話，輕則竹籃打水，重則全軍覆沒。在評估過程中，要謹記「弗洛斯特法則」，並在日常中學會善用。

1 任用員工，要及時調整

計劃中一定會涉及員工任用，一旦發現員工在某個崗位上無益甚至阻礙公司良性發展，就要當機立斷，把他安排到能夠發揮他長處的崗位上。只有這樣，才能讓員工在各自崗位上如魚得水。

2 產品決策，緊隨市場步伐

雷鮑夫法則
不信任上帝

　　不懂英語的阿文去教堂參觀時突然昏厥，醒後發現自己躺在耶穌像旁邊，他的妻子哭紅了眼。

　　妻子說：「親愛的，我以為上帝把你帶走了。」

　　阿文看了耶穌像一眼，然後幽幽地回答：「他老人家的確來召喚過我，不過，我聽不懂他說的英語，無法信任他，所以我又回來了。」

　　要緊隨時代發展及時評估市場風險，並根據風險及時改進產品，刪減產品落後於新時代的部分，增加其順應時代需求的功能。

趣味點評

這故事假定上帝說的是英語，但阿文不懂英語，導致他與上帝無法交流，他怕上帝是個騙子，自然也就拒絕跟上帝走。

從這則幽默故事可以看出，「信任」在人們心目中多麼重要。信任在管理中也非常重要，交流不暢就無法建立信任，合作也就無從談起。這一點和管理學中的「雷鮑夫法則」正好契合——想要合作，就需要在計劃前認識自己並尊重對方，只有這樣，才能有效溝通，建立起信任，實現合作。

管理學解讀

「雷鮑夫法則」是由美國著名的管理學家雷鮑夫提出的。**他認為，對員工的管理，本質上是交流和溝通。想要和員工無障礙溝通，並讓他們積極主動地去工作，管理者就要做到認識自己和尊重他人，只有這樣，員工才願意信任管理者，才願意和管理者進行有效的溝通。**否則，就會出現幽默故事中「阿文無法對上帝建立起信任」的結果。

除了員工之外，管理者在面對用戶時，也要做到「認識自己和尊重別人」，否則無法與用戶建立信任，合作也就無從談起。管理者若善於將「雷鮑夫法則」運用到合作中，就能達到事半功倍的效果。

既然懂得了認識自己尊重他人以及建立信任的重要性，那麼我們要怎樣去做呢？對此，雷鮑夫總結出了六條，後來又有人在此基礎上加上兩條，就形成了「雷鮑夫法則」。這八條內容分別是：

1 最重要的八個字「我承認我犯了過錯」

犯了錯不要緊，但要勇於承認並改正。波音公司 2018 裏連續

兩次發生空難，全世界的人都為之震驚與悲痛，同時也紛紛指責波音公司的產品質量存在問題。但無論人們如何指責，波音公司管理層都拒不承認自己的產品有問題，於是人們紛紛提出要抵制波音，這使波音公司陷入了僵局。

如果不能打破這個僵局，波音公司最後的結局很可能是破產。這時，波音公司的首席執行長官穆倫伯格站了出來，他以個人名義向遇難家屬道歉說：「對不起！我錯了。我不能改變已經發生的事情，但我承諾波音公司盡可能在未來保證安全性。」

身為波音公司的一名管理者，穆倫伯格清楚地知道，如果不承認過錯，就會失去民眾對波音公司的信任，民眾就會棄之而去，到那時，波音公司只有死路一條。而當他說出「我承認我犯了過錯，並保證以後不會再犯」這句話時，民眾看到了他的真誠，也就重建起了對波音公司的信任。

② 最重要的七個字「你幹了一件好事」與最重要的六個字「你的看法如何」

這兩條對於管理者管理下屬尤為適用。Facebook（臉書）的首席運營官桑德伯格是一位非常睿智的管理者，可她是一位女士，所以剛到 Facebook 的時候，並不被下屬信任和認可，他們處處刁難桑德伯格，總是讓她難堪。

有一次，桑德伯格提出要在其他國家多開幾家分公司，她的下屬查德‧格林質疑地問：「你打算開在哪裏？你確定能行得通？」桑德伯格非常尷尬，大家都以為她會發火。然而，桑德伯格只是說了一句「你的看法如何」，然後便非常真誠地請對方繼續說下去。

接下來，查德‧格林列舉了充分的依據，以此證明桑德伯格的擴張策略是行不通的。最後，查德‧格林說：「好了，我說完自己的理由了，你也可以開除我了。」

桑德伯格說：「不！你幹了一件好事。我應該謝謝你提醒我。」過後，桑德伯格還在 Facebook 內網上發帖向查德表示感謝，並鼓勵其他人向查德學習。桑德伯格的鼓勵征服了所有的質疑者，

從那以後，他們再也沒有刁難過桑德伯格。

身為一名管理者，桑德伯格懂得集思廣益才是成功之道，當查德‧格林說出自己的質疑時，她沒有發火，而是很真誠地問他：「你的看法如何？」當查德‧格林說出自己的看法後，她沒有先去評判查德‧格林觀點的對錯，而是先鼓勵與肯定他的能力和善意。

試想一下，如果桑德伯格沒有給查德‧格林機會表達自己的看法，或是不認可他的表達，那麼她就不可能得到下屬們的認同，在以後的管理中，大家也不會心甘情願聽從她的派遣。

3 最重要的五個字「我們一起幹」

這一點我深有體會。我們公司有一個項目是給老年人寫傳記，需要安排下屬去採訪。但有的老人脾氣古怪，下屬在採訪過程和編寫過程中，經常會遇到有些老人不配合採訪，或是挑剔字眼的情況。我的下屬就經常被這類老人「折磨」得死去活來。

得知這樣的事情，我首先做的就是告訴他們：「別灰心，我們一起幹！」我通過這句話想要傳遞給下屬的訊息就是——在這份工作中，我和你一起來承擔責任。由此，下屬們的壓力就會減少三分之二以上，他們也就更加安心踏實地去完成工作。

4 最重要的四個字「不妨試試」

管理員工時，除了讓他們聽從安排還不夠，還要鼓勵他們創新。「試試」這個詞給了員工創新的勇氣，而「不妨」這個詞則是讓他們減少壓力；因為這意味着不需要太注重結果，只要把創意研發出來就可以了。

當美國還在為 5G 技術圍堵華為時，任正非已經宣佈華為要開發 6G 了。這個消息一宣佈便引起了各國民眾的強烈反響。他們連 5G 都還沒有研究出來，華為這是在吹牛嗎？

面對眾說紛紜，華為研發部的員工們紛紛倍感壓力。這時，研發部的管理者說了一句話：「不妨試試。」因為他們明白：員工

們只要抱着這種心態，就能減輕壓力，從而專注地投入研發，必定會有收穫。

5 最重要的三個字「謝謝您」

這一條適用於用戶。「謝謝您」既是禮貌用語，也展現了一種真誠的服務態度。我們公司幫美國的一位投資者寫一本書，這位投資者很挑剔，請求我們每兩天就要和他開一次會，這讓我們很累。但在每次和我們交流完後，他都會誠懇地說一句「謝謝您」，並且在每次見面的時候，都會送一些小禮物給我們。他的禮貌和真誠讓我們無法拒絕他的要求。因為溝通及時順暢，所以最後我們寫的書非常符合他的心意。

身為一名管理者，當你和用戶打交道的時候，一定不要忘了說一句「謝謝您。」試一試吧，你將會有意想不到的收穫！

6 最重要的兩個字「我們」與最重要的一個字「您」

這是「雷鮑夫法則」的最後兩條，這兩條既適用於用戶，也適用於員工。因為無論是合作夥伴，還是員工，對於管理者來說都是合作關係。在這份關係中，用「我們」會顯得毫無隔閡，能瞬間拉近雙方的距離，溝通起來也更順暢。而「您」是敬語，表示尊重。尊重是平等和信任的基石，當用戶和員工感受到你的尊重，也就感受到了平等和信任，雙方合作起來自然就會十分愉快。

身為管理者，每時每刻都在合作的關係中，和員工一起成長，和用戶互利共贏。成功的合作，必然是建立在信任的基礎上。懂得了這八條的含義，也就掌握了建立「信任」的密鑰。

日常應用

身為管理者，只要「雷鮑夫法則」運用得當，對於管理員工和掌控合作夥伴的節奏都大有裨益。建立「信任」說難不難，說易也不易，關鍵是要掌握技巧與方法，我們在日常生活中可以這樣做：

1 讓下屬知道你和他並肩作戰

下屬在工作中或許不是很順利，難免會出錯。這時，你可以告訴他：「我們一起來找一下問題，並一起解決它吧！」讓下屬知道你在和他共同面對和解決困難，自然就會建立起對方對你的信任。

2 讓用戶知道你和他的利益共同點

當你為用戶提供產品時，用戶很容易產生他付款你收款的思想，這樣就很容易讓他對你產生對立情緒。此時你可以說：「我們共同的目的是通過這款產品提高體驗品質。我們是產品製造方，對產品體驗有豐富的經驗，現在就讓我來與您一起分享一下產品體驗方面的經驗吧！」把用戶的關注點落在產品的體驗上，而不是自己的付出成本上。這樣就能增加信任成分，消除用戶的對立情緒。

魚缸理論
名字是否會印在書上

出版社總編收到一個想要自費出書的作者投的幾首詩歌，詩文質量非常拙劣。

總編婉轉地說：「先生，您這詩質量不是很好。」

作者卻傲慢地說：「我不在乎詩歌本身的質量，我只在意我的名字是否會印刷在書上。」

總編聞言，回答道：「原來如此！先生，下次請您只帶您的姓名來，詩，由我來填就好了。」

趣味點評

對於出版行業來說，圖書內容質量的重要性不言而喻，但作者卻把書稿質量當成兒戲，他在意的只是他的名字是否能印刷在圖書上。總編極具諷刺的回答，讓人忍俊不禁。

如果我們以一個管理者的角度來看的話，總編的回答正好滿足了「客戶」最本質的需求，這體現的就是管理學中著名的「魚缸理論」。

管理學解讀

「魚缸理論」是由日本全面質量管理（TQM）專家司馬正次提出來的。他把企業的經營環境比喻為魚缸，而客戶就好比圓形魚缸裏面的金魚。由於光進入水中時會產生折射效應，因此在我們眼裏看起來做直線運動的物體，在圓形魚缸裏的金魚眼裏，卻在做曲線運動。

這種現象也經常存在於企業和客戶之間：很多企業根據自己的特長研發產品，美其名曰主導市場，但這些產品卻不一定是客戶真正需求的，由此導致產品滯銷，企業因此陷入停頓狀態。

管理一個企業，遠比出版一本書要複雜得多，管理者想要企業項目得以順利進行，就必須要進到魚缸裏，與客戶身處同一環境，學着以客戶視角去觀察和發現市場，針對客戶需求做出產品。互聯網時代，很多成功的企業管理者都是這樣做的。其中，成功者之一便是小米。

針對顧客需求研創產品

小米的創始人雷軍在最初創立小米時，並沒有馬上研發產品系統，而是先徵集粉絲們的建議，這就是典型的「跳進魚缸和魚兒一起體驗觀察」的過程。隨後，雷軍又讓員工針對這些建議和意見，開發出小米獨有的 MIUI 系統。由於產品是採納用戶建議後做出的，符合用戶需求，同時小米也因滿足用戶需求而變得愈發完美，實現了產品銷量的迅速增長。

雷軍身為一名成功的管理者，深諳「優秀的公司滿足需求」的道理；因此，小米手機才能一炮而紅，從眾多手機中脫穎而出。小米現在已經是一家上市的大公司，但雷軍依然憑藉「魚缸理論」原則走在管理小米的道路上。

在互聯網時代，一家企業想要做大做強，單純地滿足客戶的需求是遠遠不夠的，還需要在和用戶的共同體驗中開拓市場。

為了針對用戶需求開拓新的市場，小米論壇開闢了讓會員們對各種需求各抒己見的版塊，這樣一來，就能清晰地了解和掌握用戶的真實需求。針對用戶在互聯網時代的根本需求，雷軍和他的員工開發出「米家全新生態鏈平台」，以滿足用戶網購需求；針對客戶對日常生活品質的要求提升，雷軍做出跳躍發展的計劃，他率領下屬們晝夜不停地開發出小米平板、小米盒子、小米電視、小米手環、小米平衡車等智能產品。

值得管理者特別關注的是，並不是用戶所有的需求，企業都一定要去想辦法滿足。像幽默故事中的那個作者的需求，只是為了滿足自己的需求，卻不符合社會客觀發展的需求，這樣的用戶需求，企業是不能去滿足的。

因此，作為管理者，要站在用戶角度，在魚缸中體驗用戶對產品的需求後，再跳出魚缸站到一個更高的角度，結合社會客觀發展，來重新審視和分析用戶需求；只有這樣，才能做出既滿足用戶需求，又符合社會客觀發展需求的產品。

日常應用

「魚缸理論」告訴我們：管理者一定要具備發現用戶最本質需求的能力，才能有效為客戶提供其所期望的產品。那麼，怎樣才能發現用戶的根本需求？我們可以從以下幾方面入手。

1 建立用戶檔案

針對擁有固定用戶群的老牌企業，管理者可以讓員工建立用戶檔案，後期在仔細分析檔案的過程中，分析用戶的使用習慣，並針對這些習慣設計符合用戶需求的產品。

2 開設討論區

在同一產品所擁有的流量大的網絡平台上，開設用戶討論區，以供用戶針對產品發表各自的使用情況。在用戶吐槽中去發現用戶的個性化需求，從而開發出更滿足用戶需求的產品。

第 **2** 章

訊息篇

儲備準確訊息，做最正確的決策者

沃爾森法則
開家尿布公司

　　三個不同國籍的人看同一份全球人口猛增的普查報告，馬上做出不同反應。

　　美國人向上帝禱告：「神啊，請保佑這些小天使快樂幸福吧！」

　　韓國人向政府報告：「這是多麼難得一見的韓國文化啊，趕快向聯合國申請世界文化遺產吧！」

　　日本人轉身回家，邊走邊說：「你們儘管去求上帝和政府出面吧，我現在要做的是開一家尿布公司！」

　　一年後，這位日本人生產的尿布銷往世界各地，賺得盆滿缽滿。

趣味點評

　　面對相同的訊息，美國人、韓國人和日本人做出了不同的反應。美國人和韓國人忽略了訊息本身的價值，唯獨日本人把訊息和情報放在第一位，做出管理調整，最終獲得成功，這正是成功運用「沃爾森法則」的結果。

管理學解讀

　　「沃爾森法則」是由美國著名企業家 S.M. 沃爾森在多年的管理經驗中總結出來的。他說：「**一個成功的決策，等於 90% 的訊**

息加上 10% 的直覺。」也就是說，訊息至關重要，當你把訊息放在首位，財富自然滾滾而來。而沃爾森正是憑着這條法則把自己的企業經營得紅紅火火。

很多成功的企業家都是應用這條法則的高手，比如上面故事中的日本人。縱觀當今蓬勃發展的企業，他們的管理者總是把訊息收集和掌握放在首位，比如滴滴公司的創始人程維。程維在創立滴滴之前，曾是阿里巴巴最年輕的區域經理。如果他一直在阿里做下去，憑着阿里的壯大，程維也一定會獲得美好前程，但他卻在半途選擇了退出。做出這個選擇，是因為他抓到了一個訊息。

叫不到的士的訊息啟示

在阿里工作時，程維經常來往於杭州和北京之間，時間非常緊湊，他常常因為截不到的士而誤事。有一次，他趕到北京去見客戶，在薊門橋截了半個小時的士，好不容易有一輛空車經過，程維很高興，還以為終於能坐上車了，然而司機卻是去交更不能載客。

程維出差途中經常遇到這樣的事情，但程維最初並沒有注意到這背後隱藏的訊息，只歸因於是自身的問題。後來，程維在北京時，他的一位親戚也到北京辦事，兩個人約好晚上七點在王府井附近吃飯。五點半時，親戚就打電話告訴程維在叫車，然而等到八點也沒有叫到車。

親戚叫不到車這件事情，再加上平日裏自己叫車難的經歷，讓程維發現了兩個訊息：一是在中國叫車很難，二是叫車出行是大眾主流的剛性需求。這兩個訊息都指向一個方向：中國湧現出一個龐大的叫車市場。他於是做出一個決定：做一款叫車軟件——這就是滴滴。

後來滴滴的發展路程我們大家有目共睹：在程維的管理下，滴滴迅速崛起。截至目前，滴滴已成為市值幾百億美金的大公司。這真是應了那句話——你能得到多少，往往取決於你能觀察並掌握多少訊息。滴滴的成功，給了我們不小的啟示：在變幻莫

測的市場競爭中，管理者一定要重視訊息本身的價值，只有把訊息和情報放在第一位，並做出相應的管理統籌，才能獲得成功。

我們從這個案例中總結出的經驗教訓就是：**在當今互聯網時代，身為一個管理者，一定要把訊息和情報放在首位，不然就會給企業帶來損失。**

日常應用

現在是大數據時代，訊息呈現爆炸式的增長，想要掌握準確的訊息，可以從以下幾個方面入手。

1 時刻關注市場

互聯網時代和傳統時代有所不同，市場發展瞬息萬變，管理者一定要時刻關注市場變化，細心分辨每一條訊息的走向，有時候和市場發展不相干的一條訊息，卻能決定市場的走向。

2 緊緊盯住競爭對手

想要掌握新的訊息，盯住競爭對手的一舉一動是一個好辦法。你在搜集訊息時，對手也同樣在搜集訊息；他的每一個新舉措，都可能是有用的訊息帶來的新決策。你如果能趕在對手之前迅速採取行動，搶佔先機的就有可能會是你。

鴕鳥政策
你這個小傻瓜

小鴕鳥問媽媽：「媽媽，我們的腿為甚麼很長？」

鴕鳥媽媽回答：「腿長，奔跑速度就快，遇到危險時才能逃命。」

這時，一隻老虎追了上來。

小鴕鳥撒開腿要跑，卻被鴕鳥媽媽拽住，她說：「兒子，快把頭躲進沙丘裏。」

小鴕鳥不解地問：「我們可以逃命，為甚麼要躲進沙丘？」

「你這個小傻瓜，無論我們跑多遠都能看到老虎在後面追，那多可怕！但我們把頭躲進沙丘裏，就看不到老虎的追趕，也就不害怕了呀！」

趣味點評

鴕鳥的腿很長，奔跑速度非常快，遇到猛獸追趕時，只要努力奔跑，完全有希望擺脫敵人的追趕。但鴕鳥卻選擇把頭埋進沙坑中，蒙蔽自己的雙眼來騙自己是安全的，這樣只是「坐以待斃」。

如果一個管理者以這種心態來做管理工作，在遇到問題的時候只是自欺欺人地逃避，會使問題更加複雜，難以處理。在管理學中，這種「鴕鳥政策」是非常不可取的。

「鴕鳥政策」是管理者經常遇到的一種管理現象。和其他的管理學理論有所不同，鴕鳥政策並不是某位管理學家總結出來的理論，而是人們根據鴕鳥的習性總結出來的。

早在 1891 年，英國人通過觀察鴕鳥，發現牠們目光銳利，奔跑速度快；然而在遇到獵人追捕或是危險時牠們卻並不逃走，而是選擇臥倒在地上，身體蜷成一團，並把頭鑽進沙子裏，試圖以這種「掩耳盜鈴」的方式來躲避危險。英國人把鴕鳥這種不敢面對險情、不願正視現實的行為稱為「鴕鳥政策」。

管理者身在職場，經常會遇到下屬的追趕和對手的攻擊，倘若自身能力夠強，就能應對自如，甚至能夠在這些追趕和攻擊中壯大自己。但有些時候，比如下屬成長很快或對手很厲害時，管理者就容易失去信心。這時候，有一部分人就會選擇蒙蔽自己的視線來欺騙自己是安全的，但結果只會是在競爭中被淘汰。

成吉思汗當年建立蒙古國後，想要購買一些戰馬和糧食，就派一支 450 人的商隊去往西域。然而讓他沒有想到的是，途經中亞的花剌子模國時，商隊被花剌子模國的管理者摩訶末下令全部殺害了。成吉思汗得知這件事情後，便派出一名官員率兵前往花剌子模國。臨行前，成吉思汗吩咐那名官員：「他戰，便和他戰；他和，便與他和。」

然而，摩訶末並沒有友善對待這名官員，而是露出了殺意。然而即使如此，這名官員卻因為膽小沒有自信能打過花剌子模國，所以只裝作視而不見。這位選擇了逃避的官員，一味低三下四地求和，最終被花剌子模國殺害。成吉思汗得到這個消息後，氣得捶胸頓足道：「我蒙古鐵騎驍勇威猛，戰無不勝。只可惜他懦弱無能，竟然不敢應戰。」

之後，成吉思汗率領蒙古鐵騎西去花剌子模國，和摩訶末展開了一場大戰。憑藉士兵們的勇猛頑強，成吉思汗的軍隊第一戰

就把摩訶末打得落花流水；因此摩訶末也變得膽小起來，他沒有重整旗鼓，最終得到了滅國的結局。

當你懂得了「鴕鳥政策」的含義，你就會明白：那個懦弱無能的官員，自以為逃避就能得到安全，沒承想卻招來殺身之禍。可見，面對強勁的對手時，風險始終存在，絕不會以人的意志為轉移。**面對危機，迴避註定要失敗，只有主動出擊才是最好的辦法。**成吉思汗身為蒙古國的高層管理者，深諳這個道理，於是他率領蒙古鐵騎長驅直入，英勇殺敵，最終一舉消滅了花剌子模國。

在一個團隊中，如果員工在做項目時採取「鴕鳥政策」，在困難面前，工作就會停滯不前；如果企業的管理者採取「鴕鳥政策」，給企業帶來的危害將更為嚴重，甚至會讓企業面臨倒閉的危險。

日常應用

「鴕鳥政策」告訴我們：管理者在遇到問題時產生自欺欺人的心理，會使問題更加複雜，難以處理。為避免陷入「鴕鳥政策」的陷阱，我們在日常管理工作中可以這樣做。

1 面對危機時主動出擊

在企業發展過程中，危機時常出現。每一次危機都是一次機遇，戰勝危機，企業就能更上一層樓；反之，企業就有可能陷入更大的危機中，甚至倒閉。當危機來臨時，主動出擊才是最好的防禦；逃避只會迎來後一種結果。

2 工作中果斷承擔責任

在做任何一個項目時，都難免會出現失誤。身為管理者不能對失誤視而不見，而是要果斷承擔責任；只有這樣，才能及時處理問題，把損失降到最低。

斜坡球體定律
你不需要吃飯

　　馬克·吐溫新招了一個僕人布朗克。每次馬克·吐溫回到家，僕人都會幫他擦一遍皮鞋；早上臨出門時，僕人還會幫他再擦一遍。馬克·吐溫很喜歡這個僕人，就把他留在身邊，待他很好。

　　時間一長，僕人便恃寵而驕，做事情也變得懶散起來。馬克·吐溫生性寬厚，也沒和他計較。

　　這天早上，馬克·吐溫要出門，穿鞋的時候，他說：「布朗克，這皮鞋上都是塵土，你昨晚和今早都沒有擦鞋嗎？」

　　僕人說：「先生，即使我擦完，您出門後不久就又會髒的呀！」

　　馬克·吐溫沒有說話，他出去後鎖上門，對僕人說：「布朗克，今天你就在門外站着等我晚上回來。」

　　僕人大喊：「先生，您把門鎖上了，我中午怎麼吃飯？」

　　馬克·吐溫頭也不回地回答：「即使吃了飯，不久也會餓的呀，所以你不需要吃飯。」

趣味點評

　　馬克·吐溫的寬厚縱容了僕人的惰性，導致僕人不再積極做事，最終懶惰到本職工作都做不好了。

　　這樣的事例在企業管理中屢見不鮮，如果管理者對員工的惰性不加制止，就會導致員工像馬克‧吐溫的僕人那樣懶散怠工，企業業績就會出現下滑，這種管理學現象被稱之為「斜坡球體定律」。

管理學解讀

　　「斜坡球體定律」是根據海爾集團的「斜坡論」引申出來的。海爾集團是中國二十世紀八十年代創立的一家企業，已有三十多年的歷史。在這三十多年裏，海爾管理層積累了諸多的管理經驗，並根據這些經驗將海爾打造成了一個全球大型家電品牌集團。在這些眾多的管理經驗中，這條「斜坡球體定律」一直被海爾奉若神明，因此大眾又把「斜坡球體定律」稱為「海爾發展定律」。

　　「斜坡球體定律」把市場形容為一個斜坡，企業則是這個斜坡上的一個球體，企業發展類似於將球體向斜坡上方推動。球體想要往上，就要靠員工們一起努力積極奮進地在球體下方往上推；一旦員工消極懶惰，這股惰性就會變成壓力從上往下反方向推動球體，如果不加以制止，企業這個球體就會被推進斜坡下方的深淵裏。

　　某圖書公司有個員工，他的寫作能力很強，但人很散漫。有一次，主管安排他給一個老人寫傳記，因為老人催得很急，所以部門主管要求他在兩個月裏寫出來，這名員工很痛快地答應了。剛開始那一個月裏，部門主管每天都在督促他，他的進度也還不錯。

　　這樣持續了一個月後，部門主管想這名員工應該形成一定習慣了，不必時刻緊盯着，於是就轉身忙別的事情。很快一個月過去了，到了該交稿件的時間。然而主管詢問稿件進度時，才知道從主管沒有追問進度那一刻起，那個員工就變得懶散起來，致使稿件完成遙遙無期。無奈之下，主管只好和他重申可以延期半個月，如果半個月內還沒有完成，就要扣他工資。

於是這名員工在主管催促下，開始認真對待工作，每天都埋頭在電腦前寫稿。半個月後，他把一份完美的稿件交到了部門主管手裏。而在這期間，部門主管身為一名管理者，也花費了不少精力進行監督，他每天早上要求員工整理一遍思路，晚上給他看當天寫的稿件內容。管理者只有這樣花費時間去管理，才能避免員工被惰性操控。

就像馬克‧吐溫的僕人一樣，因為積極勤奮，獲得了馬克‧吐溫的讚賞，可後來僕人滋生了怠慢懶散之心，不能完成工作；最終馬克‧吐溫以「不給他午飯吃」為懲罰，以強化對他的管理。事實上，對於員工的惰性來說，強化管理就是給員工注入動力。

當今很多互聯網企業的管理者，都把這條管理學定律用到了極致。在之前「996」工作制（上午九點上班，晚上九點下班，一週工作六天）熱搜話題中，好多管理者都發表了自己的看法和觀點。有的說：「996 是福報，這樣就能讓員工杜絕惰性，有更多的時間去工作創新，而不是虛度時間。」有的說：「我們公司必須實行 996 工作制，混日子的不是我兄弟。」有的則說：「員工就是要盡職盡責地工作。996 能讓員工把工作當成自己的一種本分。」

無論哪一種說法，滙總起來就是一句話：「員工要積極努力地工作，把努力當成一種動力，推動企業往高處走，對工作時間的規定就是在減少員工工作外的時間，從而讓企業獲得更好的發展。」這樣的管理策略雖然受到許多員工的腹誹，可他們最後還是都接受了公司安排，成為「996」工作制的一員。

當我們看到這些員工加班工作，企業由此發展得更為蓬勃迅猛時，我們不得不承認，這樣的管理方法的確是非常有效的。

日常應用

　　企業發展離不開員工的推動，一旦員工不認真努力，企業就如逆水行舟，不進則退。所以，管理者一定要謹記「斜坡球體定律」。要去除員工惰性，就要在工作中多激勵員工，想要激發員工的工作積極性。我們可以從以下幾方面入手。

1　尊重員工的需要，提供不同的獎勵

　　激發員工積極性最好的辦法，就是滿足他的需求。員工有不同的需求，管理者要仔細觀察，並根據不同需求給予相應的滿足。

2　為員工設立目標計劃，定期進行績效評估

　　通過為員工設立目標計劃，並定期對員工進行績效評估，讓員工對自己的工作狀態有一個客觀認識和準確定位。這樣一來，每個人都知道自己的優勢和強項，同時也了解自己的劣勢和短板，工作中就能發揮其長處，工作也會事半功倍。

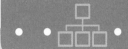

塔馬拉效應
藏好金箍棒

孫悟空打完妖怪後，並不收起金箍棒，而是一直拿在手裏把玩。

豬八戒說：「猴哥，趕快把金箍棒變成繡花針藏起來，如果被師父看到，我們就要失業了！」

孫悟空不解地問：「為甚麼？」

豬八戒說：「如果師父讓你把金箍棒變長直通西天，他自己順着棒子就走過去了，哪裏還需要我們！」

趣味點評

豬八戒告訴大師兄，要隱藏自己的實力，不然的話，一旦唐僧掌握了他的能力，那麼他就能自己獨自一人走向成功的彼岸，他們師兄弟就會面臨被解僱的危險。這則笑話準確詮釋了管理學中的「塔馬拉效應」。

管理學解讀

捷克的雷達專家弗·佩赫經過多次研究創新，發明出一種只接受信號不發射信號的無源雷達，佩赫給它起名為「塔馬拉雷達」。在此之前，所有的雷達都是發射信號的，這樣很容易被對手的反雷達系統監測到。塔馬拉雷達問世後，一下子就扭轉了這種

局面。它不發射信號，反雷達系統無法監測到它；這樣它就能悄無聲息地接收信號，並利用這些信號做出相應的應對措施。

企業家很快就發現塔馬拉無源雷達的這種功能非常適合應用到管理工作中去，於是就把它引申到管理學中來，即「要學會在上司面前隱藏實力」，這就是著名的「塔馬拉效應」。

一般而言，管理者需要展示自己的才能，以獲得上司的認同和下屬的尊重，這樣才能把管理工作做好。然而**「塔馬拉效應」要求管理者逆向思維，要隱藏自己的實力不被他人發現，只有這樣，才能不被上司忌憚，同時也不被下屬忌妒和陷害。畢竟，「職場如戰場，才高被人忌」，大智若愚才能保全自己。**

中國上下五千年歷史長河中發生了很多事情，其中「鳥盡弓藏，兔死狗烹」的事件比比皆是，令人觸目驚心的是，這些都是「實力為上司所忌憚」的真實案例。但也有不少明智的下屬，他們懂得韜光養晦、獨善其身的道理，懂得在上司面前隱藏自己的實力，由此規避上司的妒忌，與上司的關係很好。比如說中國漢朝的大臣蕭何，就是一個這樣的人。

漢高祖劉邦在打江山的時候，蕭何出過很多力。漢家江山被打下後，蕭何被任命為相國，負責行政管理。蕭何在其位上兢兢業業，實施了很多管理辦法，老百姓過着安樂的日子，因此蕭何頗得人心。尤其是在他居住的關中一帶，百姓們只知蕭何，不知劉邦，可見蕭何的豐功偉績大家都是有目共睹的。

蕭何一心想為皇上、為百姓做實事，一直認真地管理着這片土地，百姓們對他都一片稱好。然而，他的一名謀士提醒他說：「相國，您的能力太強，皇上已經好幾次詢問百姓擁戴您的事情了，只怕不久您就會有滅族之禍，因為皇上已經開始忌憚您的能力了。」蕭何聽後連忙問怎麼辦，謀士說：「從今天開始，您要隱藏自己的實力，讓皇上看到您並沒有取代他的能力。」

不久，劉邦就接到好多則老百姓投訴蕭何搜刮民脂民膏、搶佔民女的事情。劉邦表面上呵斥蕭何：「你這樣做可不行」，但心

裏卻非常高興，因為他再也不用擔心蕭何會功高蓋主，威脅到他的皇位。

謀士就像幽默故事中的「豬八戒勸告孫悟空」那樣勸告蕭何要隱藏實力。蕭何聽進去了，所以才故意惹出一些禍事，讓上司劉邦不再忌憚他的能力，也就避免了被革職甚至是滅族的風險。

因此，作為一名企業中層管理者，要學會適度隱藏自己的實力，平時為人盡可能要低調，避免讓高層領導產生一種不安全感，覺得你可能隨時會取代他的位置，或是被下屬妒忌陷害，從而給自己的工作帶來不必要的麻煩。

「塔馬拉效應」不只是教我們要在上司面前學會隱藏自己的實力，同時它的接收信號的功能，也教會我們要學會滙集訊息。

隱藏實力，鋒芒「不」露

小劉是一家互聯網公司的部門副經理，主管給了他一個重要項目，要他負責給一家大公司的老闆寫人物傳記。後來因為項目人手不夠，公司又調派了另一個部門副經理小陳過來。他們兩人的能力不相伯仲。然而，在接下來的工作中，這兩人的工作表現卻大不相同。

由於項目很重要，團隊需要就每個章節的內容進行討論，甚至每一個點都要進行論證闡述，因此要經常開會。每次在會上，小劉總是第一個發言，他每次都是把自己的想法一股腦全都説出來，然後再聽其他同事發言。

而每次輪到小陳發言時，他總是很謙遜地説：「我的想法還不成熟，先聽各位前輩的高見吧！」等大家都發表了自己的想法之後，小陳這才提出自己的建議。他雖然表示自己的想法很不成熟，但他的建議總是最中肯的，因此每次會議上大家都會採納他的建議。等到項目結束後，小劉還在做部門副經理，而小陳卻被老闆提拔為主管。

　　小陳就是一個把「塔馬拉效應」應用到極致的人。他明白，工作中脫穎而出的並不是先說出自己想法和建議的人，自己個人的建議與想法總帶有局限性，但如果滙集了所有人的想法，在此基礎上歸納總結出的建議，才是最全面、最客觀的，因此他才會每回都將所有人的想法整理滙總後再歸納出新的建議，這樣做的結果就是他成為最終的勝出者。

日常應用

　　除了企業的最高領導者之外，每一個管理者在企業中都有可能會面臨上司容不下、下屬妒忌的局面。在這種情況下，一定要學會「善藏者人不可知，能知者人無以藏」，並且要善於接收各方面的訊息。在日常工作中，我們可以從以下幾點入手。

1 韜光養晦，低調行事

　　有實力的管理者往往容易做出成績。如果你有一個嫉賢妒能的上司，你就要學會低調，不要總是想着把成績炫耀給上司，這有可能會招來上司的敵意對待。

2 多傾聽，學會滙總訊息

　　讓你的心呈開放狀態，搜集滙總來自各方的訊息，在這些訊息中找到最有價值的訊息，進行整理滙總後就能得出最為適合的建議或方案。

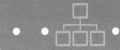

失真效應
快給消防隊打電話

丈夫生病了，妻子用華氏體溫計給他測量體溫，然而妻子不識讀華氏體溫計的度數。

幾分鐘後，妻子給醫生打電話：「醫生，請您快來，我丈夫的體溫已經到93度了！」

醫生回答說：「對不起！夫人，這麼高的溫度您不該請醫生，請您趕快給消防隊打電話吧。」

趣味點評

妻子因為不認識華氏體溫計的讀數，把華氏93度當成了攝氏93度，從而傳達給醫生的訊息也是錯誤的，直接導致醫生拒絕上門看病。在訊息傳遞過程中，當輸入訊息和輸出訊息不一致時，就會出現差異現象，這就是管理學中的「失真效應」。

管理學解讀

「溝通，不是你在說甚麼，而是別人怎麼理解你說的是甚麼。」這是著名管理學大師彼得・德魯克說過的一句話，而這句話所指的就是「失真效應」這種管理學現象。

管理者在日常工作中，所做的其實就是溝通：與客戶溝通、與下屬溝通、與上司溝通。管理是一項駕馭人的技術，而溝通則

是其中一個至關重要的樞紐。溝通的順暢與否決定了管理工作的成敗，而順暢性的關鍵點，就在於訊息輸出和輸入是否一致。

如果管理者向客戶、下屬以及上司輸出的訊息，是自己內心真正想要表達的，並且能確保對方準確地接收到自己想要真正表達的訊息，那麼工作就能順利地進行下去。但如果管理者的表達令訊息接收方產生誤解的話，工作就會出現偏差。

就像幽默故事裏的那位妻子，心裏明明想的是「丈夫發燒」，但因為她沒有準確傳達自己內心真正想要表達的訊息，導致醫生接收到的訊息失真；因此，「妻子想要請醫生給丈夫看病」的願望自然也就沒有實現。可見，保證訊息準確輸出並被對方準確接收，對管理者的日常溝通工作來說，是至關重要的。

近幾年，團隊之間經常會玩到一款很流行的「猜話」遊戲：把十個人分成甲乙兩組，甲組寫一句話，只給乙組的第一個人看，乙組其他人都戴上耳機，並依次排好隊。乙組的第一個人看了這句話後，要對第二個隊員說出這句話。因為戴着耳機，所以第二名隊員根本聽不清楚，只能憑着第一名隊員的嘴型進行判斷。隨後第二名隊員又要用同樣的方式把自己理解到的訊息傳達給第三名隊員，以此類推……往往最後一名隊員接收到這句話時，已經和甲組寫出來的話風馬牛不相及。這就是對「失真效應」最經典的詮釋。

溝通不良招致損失

管理者在工作中也會經常遇到這種情況，一旦遭遇失真效應，小到項目失敗，大到企業破產，這可絕對不是危言聳聽。

小趙去外地出差，辦完事後搭的士去機場。的士司機是一個很健談的中年人，他告訴小趙他幹這行才一年，之前自己是一家公司的老闆，開了八年銅製品公司，這八年來也積累了一些固定客戶，雖然公司也遇到過各種波折，但總體發展還算順利。然而就在去年時，公司卻出了岔子。

司機回憶說，當時他的一個客戶說某種銅製品銷路好，向他

訂購了 700 萬元的貨；因為涉及金額數目太大，他很謹慎，還專門派業務部經理去調查訊息的準確性。業務部經理搜集到的訊息是「該銅製品近期看好」，但業務部經理理解訊息失真，把「該銅製品近期看好」理解成了「該銅製品看好」，於是就將這個失誤訊息傳達給了老闆。由於老闆並不知道自己接收到的訊息是一個失真訊息，於是和客戶簽訂了合作協議後，便安排員工們加班進行製作。

讓老闆沒想到的是，產品做出來後，客戶卻一拖再拖，始終都不肯簽收，他這才發現該類產品的市場價跌了很多。拖了一年後，客戶以很低的價格簽收了產品。而老闆卻因為把所有資金都用到了這個項目上而導致資金鏈斷裂，公司也因此倒閉了。

一個曾經叱吒商場的管理者，就因為接收到了失真訊息而導致生意失敗，如今只能靠揸的士謀生。倘若他的業務部經理當初在調查產品市場訊息時能慎重一些，收到準確的訊息，那他就不會運作那個項目，也就不會對他的公司造成致命打擊。由此可見，管理者在溝通過程中，確保輸出和輸入的訊息一致，是有多麼重要！

日常應用

在訊息傳遞過程中，一定要注意輸出訊息和輸入訊息是否一致。如果不一致，就會出現差異現象，導致南轅北轍的結果。為避免這種情況發生，我們可以從以下幾點入手。

1 嚴謹傳遞觀點

訊息失真，往往是因為傳播觀點時長篇累贅，讓人抓不住重點而造成的。為了避免語義失真，我們要盡可能把話語凝練得嚴謹簡短，確保快速準確地輸出觀點。

2 謹慎接收觀點

管理者接收訊息時，一定要做到全神貫注、謹慎細心。倘若拿捏不準訊息的準確性，應多次求證，以保證接收到精準訊息。

優勢富集效應
跑不過黑熊，但能跑過你

約翰和布朗克結伴去北美洲旅行，進入森林之前，約翰準備了一雙跑鞋。

「還以為自己去跑步呢！」布朗克暗自嘲笑約翰是個傻子。

進入森林不久，兩人就和一隻黑熊迎面相遇。

約翰趕忙脫掉靴子換上跑鞋，布朗克諷刺他說：「約翰先生，這可不是跑道，你以為穿上跑鞋就能跑得過黑熊嗎？」

約翰回答說：「布朗克先生，我換上跑鞋雖然跑不過黑熊，但卻能跑過你呀！」

趣味點評

約翰準備跑鞋，就預示着他從一開始就比布朗克佔據優勢。雖然這個優勢微小，但在面對黑熊的關鍵時刻，他將因這雙跑鞋而比布朗克跑得快，由此他的優勢便突顯出來。這種現象，在管理學中被稱為「優勢富集效應」，它的含義是「**起點上的微小優勢經過關鍵過程的級數放大，會產生更大級別的優勢積累。**」

同濟大學的王健先生是「優勢富集效應」理論的創始人。為了讓人們更好地明白該理論的含義和應用，他專門寫了幾本相關的書籍。**「優勢富集效應」有三個主要內容：先者生存、群集現象和微量演變，這也是企業發展必然要經歷的三個階段，管理者有必要進行掌握與應用。**

身為管理者，在開始規劃和執行一個項目的時候，應首先弄清楚，我們和競爭對手相比，有哪些優勢。沒有優勢的話，那就去創新製造優勢，哪怕這個優勢極其微小。就像故事中的約翰一樣，最初只是比布朗多準備了一雙跑鞋而已。

創造優勢

這個優勢顯然極其微小，甚至不堪一提。但在項目進行過程中，總會遇到各種各樣的意外。在意外面前，有無優勢的差異就體現出來了。當黑熊出現的時候，他們除了盡快逃跑，別無他選。此時，約翰只是比布朗多了一雙跑鞋，但他們的優劣勢就體現出來了：穿跑鞋的約翰必然跑得過沒跑鞋的布朗。在逃跑的過程中，約翰的跑鞋雖然只是一個微小的優勢，但因為比布朗跑得快，當布朗被黑熊抓住時，約翰就可以趁機逃走活命。這個微小的優勢最後裂變成為保命的關鍵點，這就是微量演變。

在日常管理工作中，也經常會遇到這種情況。即使是大到如沃爾瑪和亞馬遜這樣的全球性企業，其高層管理者也不得不在面對這種情況時，採用「優勢富集效應」來應對。

2017 年 6 月，同為美國企業，全球零售業巨頭沃爾瑪的電商部首席執行官馬克‧洛兒，做出要和另一個電商巨頭亞馬遜爭搶電商客戶的計劃。雖然沃爾瑪和亞馬遜，一個以線下業務為主，一個以線上業務為核心競爭力，但他們的實力相當，作為競爭對手，可以說是旗鼓相當，不相上下。

　　沃爾瑪有線下大量的客戶資源，轉型到線上並不難。為了轉型成功，沃爾瑪還打造了和亞馬遜同級別的快遞物流業務。在業務能力上，二者也不相上下。沃爾瑪要如何突破並打敗對手呢？

　　這時，馬克‧洛兒做出了一個決定：「動員員工在下班路上為網絡訂單送貨。」具體做法就是貨車把商品運至距客戶最近的沃爾瑪店舖，然後由參與這一項目的員工簽收商品並送到客戶那裏，以確保客戶在最短的時間裏拿到自己購買的線上物品。

　　沃爾瑪和亞馬遜在資金實力和技術能力上旗鼓相當，但馬克‧洛兒的這個決定卻給沃爾瑪製造了一個微小的優勢。當客戶急需某款產品時，他會選擇盡快送到家裏的產品，而不是亞馬遜按照常規物流流程好幾天才收到的產品。

　　馬克‧洛兒的這個計劃很快就收到了良好的市場反饋：2017年第一季度，沃爾瑪電商業務增長了 63%，客戶超過 400 萬，收入超過一億美元。很顯然，沃爾瑪已經用這個「最後一英里」的微小優勢搶走了亞馬遜的一部分客戶，將其效益成功裂變成一個巨大的創收。

　　在「優勢富集效應」理論中，優勢突顯有多種表現形式：既可以是速度凸顯，速度突顯的特點就是在時間上搶佔先機，雖然剛開始優勢並不明顯，但時間上搶了先，就能給客戶先入為主的印象，並吸納很多核心用戶；也可以是特色突顯，比如馬克‧洛兒的「最後一英里送貨」，這種營銷模式抓住客戶想要盡快拿到貨物的心理，將他們吸納為核心客戶，從而擠佔市場份額。

日常應用

管理者一定要懂得先者生存的道理,只要一開始就佔據優勢,即使這個優勢很微小,可關鍵時刻級數放大,就會產生更大級別的優勢積累。為此,在日常管理工作中,管理者應做到以下幾點。

1 製造優勢,搶佔先機

「優勢富集效應」中,優勢至關重要,在項目執行時一定要熟悉競爭對手的實力,並製造出比對手更突出而且更實用的優勢。如果你的服務比對手更有特色,那麼用戶肯定會選擇你而不是對手。

2 審時度勢,揚長避短

管理者在製造優勢時,一定要注意這個優勢是否會帶來副作用。如果會帶來副作用,就要及時清除,重新換一種優勢。

第 **3** 章

協調篇

積極對待衝突，讓員工跟上你的步調

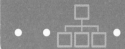

磨合效應
請告訴我對手是誰

決戰前夕，長官對他的士兵們說：「大家做好思想準備，明天我們就要一對一肉搏了。」

一個新兵出列，向長官「啪」地行了一個禮，說：「長官，請告訴我，我的對手是誰？」

長官問：「小子，你要做甚麼？」

新兵回答：「我相信自己的能力，只要讓我和對手交流一下，就一定能達成一個雙方都滿意的和平協議。」

趣味點評

新兵從未接觸過戰爭，對戰爭和肉搏有莫名的恐懼，這完全可以理解。不過，這個新兵自有解決恐懼的方法，他知道自己和對手是陌生的個體，他想到要用交流來增加了解，解決衝突。雖然他的想法在戰場上顯得可笑至極，但在企業管理中，這種做法卻非常實用，管理學中把這種做法稱為「磨合效應」。

管理學解讀

磨合現象最早引起人們的注意是在發明機器之後。當一台機器被組裝好，各個零件之間就形成了相互依賴的關係，機器運轉起來後會受到外力的阻撓，這些零件需要共同面對和消除這些外力，才能讓機器正常高效地運轉。但每個零件都是獨立的個體，

想要讓它們共同抵禦外力，就需要讓它們融為一體，而讓它們「融為一體」的過程就是一個磨合的過程。

後來，管理者們在工作中發現，這個「磨合效應」在團隊中也同樣存在：**一個團隊就好像一台機器，團隊裏的員工就是機器上的零件，每個員工都有自己獨特的個性，但又需要團隊成員團結一心共同完成團隊的項目。在這期間，員工之間會發生摩擦，產生矛盾，管理者想要讓他們團結一致，就需要團隊成員的相互磨合。**

該幽默故事中的士兵，害怕和對手肉搏，想出要和對手進行溝通交流，經過思想磨合以達到和解並「停戰」的目的。顯然，這在實際戰鬥中是不可能的，但士兵的想法在管理工作中卻很是值得借鑑。

艾麗在沃爾瑪公司旗下的一間分店裏擔任部門經理，因為要開始一個新項目，她招收了兩名新員工小強和小米。這兩個人剛報到，艾麗就發現他們性格不合：小強做事乾脆利落但性情急躁，不夠細心；小米細緻認真，但卻拖泥帶水。艾麗心想，這世上沒有十全十美的人，這兩人性格相反，正好做一個互補，於是就把他們二人招聘到了公司。

誰知在最初的工作中，二人並不如艾麗想像的那樣能夠很好地互補，而是相互詆毀、相互拆台。小米嫌小強做事情急躁，不能把事情做得更加完美；而小強又嫌棄小米效率太低，工作進度慢。兩人都嫌棄對方不夠好，經常相互指責，甚至發生爭吵。

其他部門的人都知道這兩個人，也都勸艾麗辭退他們。可是艾麗並沒有採納其他同事的建議，而是對這二人進行指導。因為她知道，員工和員工之間是需要磨合的，即使現在把這兩個人辭掉，再招聘新人時同樣要面對這個問題。與其反覆重複這一件事情，還不如現在讓他們努力進行磨合。

艾麗首先找到小強，先肯定了他的優勢，又針對他急躁的問題提了些建議，並告訴他，小米的建議是極好的。然後艾麗又找到小米，肯定了她的成績，並告訴她做事情一定要跟小強那樣

快，效率才能提起來。在艾麗的用心指導下，小強和小米都認識到了自己的問題，各自收斂了脾氣，學習對方長項，很快就磨合成為一對非常有默契的搭檔。

「磨合效應」有一個很大的特點，就是磨合雙方為了達到默契合作的目的，必須要有必要的割捨。上文中的小強要割捨掉自己「看不慣拖泥帶水」的作風，也要改掉自己急躁的習氣；同時，小米要割捨掉對小強「做事急躁」的不滿，同時也要改掉自己做事拖拉的毛病。

艾麗管理小強和小米的案例，在團隊工作中經常會遇到。其實，這種只是提升員工的能力，磨合起來不是很痛苦。還有一種磨合，是為了團隊項目的順利發展，必須割捨掉自己的優勢，這種磨合雖然痛苦，不過換來的成功也最有價值。

賈先生是政府部門的一位主管，擅長監察工作，在單位混得風生水起。但他想做一份更有激情的工作，於是辭職進入了一家大型互聯網科技公司。基於他豐富的工作經驗，公司老闆聘請他做了公司業務部門的主管。然而，賈先生上班沒多久，就和業務部門的員工們處於對立狀態。原來他雖然換了工作，但頭腦中還是原單位的思維模式，每次安排完工作後，他不是和員工們探討業務怎麼發展，而是對員工們的工作批評挑剔。他的行為讓員工們很委屈也很憤慨，部門的工作氛圍也開始變差，績效也很不好。

苦悶的賈先生和老闆談話後，意識到自己和下屬們的磨合出現了問題，於是他不再以監察為工作重心，而是與下屬們積極探討業務，把目光轉向市場，通過收集與分析訊息，為部門的業務發展提供準確方向。員工們有了準確方向，自然就有了拼搏的動力，沒多久他們部門的績效就提升上去了。

從以上案例可以看出來，「磨合效應」既存在於員工之間，也存在於管理者和下屬之間。管理者必須切實掌握員工的真實想法，才能消除員工之間、自己和員工之間的隔閡，讓大家盡快渡過磨合期。

團隊成員之間難免會有衝突，管理者可以從以下幾點入手，製造成員間溝通交流的機會，讓員工適應彼此，以便更好地相處。

如果是剛組建的新團隊，可以建立社交組群，讓大家在群裏發言，積極互動，以促進相互了解；也可以搞團建活動，讓團隊成員在活動中提升契合度。

隔閡，是因為雙方陌生，也可能是因為溝通方式或溝通時機不對。比如在員工在情緒失控的狀況下去指責他，不但不能消除隔閡，反而還會引起衝突，所以採取恰當的溝通方式是非常重要的。

米格-25效應
我做下下馬

　　四年級時，小強和同班的一個同學打架。同學比小強要壯一些，於是小強喊來六年級的哥哥，而同學連忙喊來初二的堂哥。後來，小強又喊來高一的小叔，同學也喊來高三的小舅。

　　大家約定一比一單挑，而且每個人只能打一局。小叔派小強出面和同學的小舅對打，同學當場恥笑小強：「你能打過我小舅，做夢！你請來的到底是救兵，還是索命鬼？」

　　小強也被同學小舅嚇得腿直哆嗦。

　　可小強的小叔說：「怕甚麼！有我在呢，儘管上。」

　　結果當然是小強輸了。但後來小強的哥哥挑戰小強同學，小強的小叔挑戰同學的堂哥，最後都以小強方勝利結束。

　　同學哭着對小強說：「原來你小叔使用的是『田忌賽馬』的戰術啊！」

　　渾身青一塊紫一塊的小強也欲哭無淚：「早知道我做的是那匹下下馬，還不如讓你打一頓呢！」

趣味點評

同學方的力量顯然要比小強方的力量強，但小強的小叔運用「田忌賽馬」的戰術，將劣勢資源進行巧妙的組合，做到優勢互補，優化組合，從而得到了三局兩勝的結果。雖然小強做了下下馬，但小強團隊的人加在一起，卻是一個目標一致、分工明確、優勢互補的優秀團隊。這種團隊組合迸發出來的效應，就是管理學中典型的「米格-25效應」。

管理學解讀

「米格-25效應」緣起於蘇聯研製生產的米格-25噴氣式戰鬥機。當時，蘇聯無論在科技還是軍事方面都比美國要弱，戰鬥機的零部件和美國同期戰鬥機的零部件相比起來，性能落後很多。當時所有人都不看好這款戰鬥機，認為它即使研製出來，也無法與美國的戰鬥機抗衡。

誰知，米格公司巧妙地對這些性能不高的零部件進行了優化組合設計，使它在升降、速度和應急反應等方面都超越了美國戰鬥機。後來，管理學家們把這種協調後產生巨大性能的效應稱之為「米格-25效應」。

管理者管理的是團隊，團隊就相當於一架戰鬥機，員工就是戰鬥機上的零部件，安排協調得好，他們就能發揮巨大的工作潛力；如果協調不好，就會相互制肘，不但不能發揮巨大潛力，甚至會使團隊猶如逆水行舟、舉步維艱。

一個睿智的管理者，總是善於把每個「零部件」的功能都發揮到極致。就像幽默故事裏的小叔一樣，他讓最弱的小強去迎戰敵方最強的對手，強大的他則出面應對敵方的第二級別的對手，而小強方第二級別的哥哥則去應對敵方第三級別的對手，這樣一經協調，小強方的兩個人都能發揮自己的最大優勢；相比之下，對

方只有一個人能發揮最大優勢，那整體的戰鬥力也就不言而喻了。

許多著名的管理者把米格－25效應，應用於他們的管理工作中，並獲得了巨大成功。中國女排的郎平教練就是一個擅長使用米格－25效應的人。在每次的比賽中，她都針對隊員們的特點進行上下場調換；在比賽過程中，她也會根據對手的實力調換隊員們的順序。正是因為這種結構上的組合變化，形成了強大的戰鬥力，令女排所向披靡，多次摘下世界盃冠軍的桂冠。

可見，**身為一名管理者，一定要對團隊裏的每個成員的特點瞭如指掌，只有這樣才能針對他們不同的心理、情緒和能力進行最佳協調組合。在這種組合中，成員們能夠相互吸收有益的經驗，彌補各自不足，使整體發揮出大於個體之和的能量。**

當然，你或許會說，你的團隊成員沒有女排運動員們那麼優秀，但米格－25效應所涉及的不是隊員個體的能力問題。要知道，中國有句老話叫「三個臭皮匠勝過諸葛亮」，每個人都有自己的長處和優勢，只有不會協調安排的管理者，沒有笨拙不堪的員工。

在中國杭州的凱旋路上有一家特殊的洗車行，該團隊的成員都是有着各種智力障礙的青年。一般來說，像腦癱、自閉和唐氏等症狀的人是沒有工作能力的，但該團隊的管理者卻將他們巧妙地協調在一起：腦癱患者不能進行正常的體力勞動，就讓他們做溝通工作，客人來去時送上溫情的話語；唐氏患者和自閉患者無法與人進行順暢交流，就安排他們去做體力勞動，確保客人的車輛洗得乾乾淨淨。

如果把他們單獨放進社會，他們每個人的確都不具備獨立生活的能力；但經過管理者的巧妙組合，他們就變成了一個優秀的團隊。這就是對米格－25效應的最佳詮釋。管理者要善於對劣勢資源進行巧妙的優化組合，才能打造出一個目標一致、分工明確、優勢互補的優秀團隊。

日常應用

當我們帶領一個團隊時，想要讓成員們整體發揮最大的潛能，最好的辦法就是給他們設計最協調的組合搭配。

可是怎樣才能做到最佳協調？這始終是管理者頭疼的問題。對此，我們可以從以下幾點入手。

1 資源優化

在成員調配問題上，要對劣勢資源進行合理組合，用優勢資源進行互補。

2 要懂得取捨

要把有限資源放在關鍵位置上，切忌面面俱到，只有這樣，才能以弱勝強。

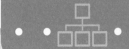

氨基酸組合效應
自有辦法

　　商人傑克的兒子為找工作的事情愁得焦頭爛額。傑克說：「兒子，別急，我自有辦法。」

　　傑克找到總統，說：「我要推薦一個人給您做財政部副部長。」

　　總統說：「財政部副部長可不是一般人能做的！」

　　傑克說：「我推薦的可是世界銀行的副總裁。」

　　總統很驚喜：「真是太好了！」

　　傑克又找到世界銀行的總裁，說：「我推薦一個人做您的副總裁。」

　　總裁說：「我的副總裁已經有幾十個了。」

　　傑克說：「我推薦的可不是一般人，他是總統內閣的財政部副部長。」

　　總裁大吃一驚：「哇！那當然沒問題！」

　　就這樣，傑克的兒子不但做了總統內閣的財政部副部長，還做了世界銀行的副總裁。

趣味點評

　　在這則幽默故事裏，父親傑克的運作非常具有完整性：他巧妙地抓住總統和世界銀行總裁所需人才的特點，將「世界銀行的副總裁推薦給總統做財政部副部長」，又把「財政部副部長推薦給世界銀行總裁做副總裁」。「財政部副部長」和「世界銀行副總裁」

這兩個要素每個都很關鍵，缺少任何一個要素，這個邏輯都不成立。

這就好像組成人體蛋白的八種氨基酸，只要有一種含量不足，其他七種就無法合成蛋白質；這就是管理學中著名的「氨基酸組合效應」。

管理學解讀

雖然「氨基酸組合效應」看起來很複雜，但是它講的是關於協調的問題。管理者在做決策的時候，一定要認識到每個要素都能在接下來的工作中起到至關重要的作用；所以要全盤統籌，不能忽略任何一個環節的存在。

某家公司的共享單車曾經在中國的大江南北隨處可見。隨着共享單車時代的到來，各路資本紛紛跟投，一時間，融資、擴張成了每天耗費管理者們精力最多的事情。在管理者的規劃下，這家公司的共享單車進入美國、奧地利等多個國家，要説當時全世界一片「中國共享出行」，一點都不誇張。可就是這樣一家企業，卻在轉瞬之間陷入資金斷裂的漩渦，最終面臨倒閉的境地。

從該公司共享單車的發展歷程中，我們不難看出，該公司最初興起的時候具備一家企業成功的所有要素：廣闊的市場、大量共享出行的需求、雄厚的研發技術，還有多家資本的跟投融資。在互聯網時代，這幾項要素是成就一家公司成為「獨角獸」的基礎，缺一不可，這家公司也因此一度成為全球最有潛力的公司之一。

手上持有大把的資金，又坐擁廣闊的市場，接下來，管理者們做出了擴張市場的決定，他們把共享單車輸送到海外的多個國家。然而，管理者們卻忽略了一個要素：資金鏈能否持續跟進？會不會斷裂？雖然市場前景很壯觀，但由於缺乏可靠的盈利模式，共享單車無法自己造血。持續的燒錢，很快讓這家公司的資金鏈出現斷裂，公司也就一下子從崛起的帝國跌入到倒閉的深淵。這就是管理者在做決策的時候，沒有全盤兼顧的後果。

在企業的發展過程中，每一個要素都很關鍵，當每個要素都「缺一不可」時，「一」就是「一切」，這就是「氨基酸組合效應」的關鍵。管理者做任何一個決策的時候，要將每一個要素考慮周全，否則就會為企業發展埋下隱患。

一粒老鼠屎壞掉一鍋湯

除了做決策外，管理者在面對員工的時候，這條定律也同樣適用。一個高效的團隊，每一個成員都是不可缺少的螺絲釘，任何一個成員出錯，整個團隊就會遭受牽連，甚至是遭到滅頂之災。

法國巴黎銀行的管理者，一直以來就很信任員工的專業水平和能力，他們相信旗下的員工能夠把工作進行得很好；所以平日裏都只是狠抓業務，對員工的督促管理相對較少，這種管理方式導致有些員工出現了工作懶散現象。

2018 年的聖誕節前夕，銀行中一位名叫 Lours 的交易員建立了標普 500 指數的相關倉位後便出去度假了，懶散痲痹的他完全沒有考慮到建倉後可能會出現的突發情況。在他度假期間，標普 500 指數大跌，創下史上最糟糕的行情，而 Lours 因為在外度假根本不知道發生了甚麼，這導致銀行虧損了 8000 萬美金。如果不是因為法國巴黎銀行資本雄厚，只怕這次虧損就足以讓它破產。

俗話説「一粒老鼠屎壞掉一鍋湯」，這句話用在這條管理學理論中也同樣適用。每一個員工都是團隊中不可或缺的因子。想要讓項目良好地進行下去，管理者就要時刻觀察每一個員工的工作狀態，讓員工們都發揮出各自的關鍵作用，萬萬不能讓「一粒老鼠屎壞掉一鍋湯」。

日常應用

當管理者做決策時，每個要素都很關鍵，缺少任何一個要素，或是任何一個要素出現問題，都會對全域造成不良影響。想要發揮「氨基酸組合效應」，在日常工作中要注意以下幾點。

1 認清每一個要素

進行一個項目的時候，要仔細確認每個要素的情況。只有把每個要素都掌握清楚，才能做到統籌兼顧。

2 對薄弱環節進行重點分析

細節決定成敗，很多時候都是薄弱環節拖了後腿。所以在做決策之前，要重點分析薄弱環節，並做好補救措施，防患於未然。

3 讓員工始終保持風險意識和責任感

不要因為員工的能力優秀，就對其放任自流、不聞不問。每個人都有可能疏忽大意，管理者要把責任分擔到位，讓員工始終保持風險意識和責任感，努力將差錯概率降至最低。

肥皂水效應
給瘋子讓路

印度詩人泰戈爾寫了一首詩，卻被一位反對他的批評家指責為瘋子。

有一天，泰戈爾和批評家在一條狹窄的小路上迎面相逢。批評家傲慢無禮地對泰戈爾嚷道：「告訴你，別指望我給一個瘋子讓路。」

泰戈爾淡然一笑，回答說：「很不幸，我恰好相反。」說完，轉身站在一邊，讓批評家走了過去。

趣味點評

泰戈爾被批評家無端地指責為瘋子，而他並沒有生氣，反而在狹路相逢時，表現出大度的胸襟，讓批評家先走過去。但他也並沒有不作為，而是巧妙地將駁斥的話放在溫和的對話中，讓對方不知不覺地接受了自己的批評。將批評夾在溫和的對話或讚美中，泰戈爾完美詮釋了管理學中的「肥皂水效應」。

管理學解讀

「肥皂水效應」緣起於美國前總統約翰·卡爾文·柯立芝。身為美國的最高管理者，柯立芝帶領世界上複雜而又強大的團隊，積攢下了大量的管理經驗，他總是能夠針對團隊裏每一個成員的特點進行有的放矢的管理。

　　柯立芝手下有一名女秘書，不但人長得非常漂亮，而且工作能力很強；但唯一遺憾的是這個女秘書有些粗心大意，時不時就會出過錯。這讓辦公室的其他成員都很苦惱，有人甚至私下裏請求柯立芝開除她。柯立芝拒絕了這個請求，他說：「我自有辦法糾正她。」

　　這天，女秘書一走進辦公室，柯立芝就誇讚她說：「你今天穿的這套衣服真漂亮，很適合你這樣漂亮的小姐。」突然被總統誇讚，女秘書頓時受寵若驚。隨後柯立芝又說：「我相信你的工作也會處理得和你穿的衣服一樣完美，毫無瑕疵。」女秘書紅着臉用力地點頭。從那以後，她在工作上真的再也沒有出過錯。

　　其他同事知道這件事後連聲喊歎，詢問柯立芝是怎麼做到的。柯立芝回答說：「我們都有刮鬍子的經驗，為甚麼刮鬍子前要塗一些肥皂水？就是為了刮鬍子時減輕疼痛。」柯立芝想要指正女秘書的錯誤，這意味着要去否定她，可任何一個人被否定都不會開心；但如果在否定前先肯定她，結果就會不一樣。柯立芝先肯定了女秘書的穿衣品味，然後才提到她的工作要再細心些，如此一來，她就很容易接受批評了。

以肯定指出否定，以讚美取代批評

　　以肯定指出否定，以讚美取代批評，後來人們就把這種方法稱為「肥皂水效應」。將這種方法應用到團隊成員管理中，經常會起到事半功倍的效果。

　　就像幽默故事中的批評家，他對泰戈爾充滿成見，態度非常惡劣。這時候，泰戈爾想要駁斥他的偏見，無異於火上澆油，不但不能打消他對自己的成見，反而會引起他更大的抵觸。於是泰戈爾巧妙地將駁斥放在溫和的話語中，乍聽之下彷彿是在向批評家示弱，事實上卻是在不激化矛盾的情況下巧妙地駁斥他。

　　事實上，倘若你仔細觀察，就會發現，很多成功的管理者都是善於利用「肥皂水效應」的高手。

本雅明是以色列的著名企業家，他成立了一家智能停車系統公司，業務遍及全球。他的下屬中有一個名叫默多克的年輕人。默多克是一名出色的技術工程師，在技術創新方面能力很強；但他很內向，和人交流溝通的能力也很差，經常會因為交流不暢被客戶投訴。

因為公司業務遍及全球，一旦某國的產品出現問題，本雅明就需要安排技術工程師去當地處理，所以技術工程師要經常出差。但默克多的內向性格讓其他人並不看好他，總是擔心他去海外出差時會把工作搞砸。這天，默克多又攻克了一個技術上的難關，並把智能停車技術提升了一個等級。本雅明非常高興，對他說：「默克多，你在智能技術方面的能力已經躍居到世界領先水平。我很為你驕傲。」默克多聽了很高興。本雅明又接着說：「我相信，你的社交能力和你的技術水平一樣棒。」默克多聽後沒有說話，但第二天他就申請了去海外處理技術問題的工作。後來，他的社交能力變得非常強，成為擅長交際的多面手。

當所有人都在指責默克多的性格缺陷時，本雅明卻選擇了讚美。他的讚美減少了默克多的抵觸情緒，明知上司是在批評自己的社交能力，但默克多很安靜地接受批評並做出了巨大改變。這就是巧用「肥皂水效應」的完美結果。

我們都是和本雅明一樣的普通人，沒有柯立芝總統那樣的高級別團隊，但在管理團隊上卻有着同樣的經歷。柯立芝和本雅明的經歷告訴我們：用同樣的管理經驗來管理團隊，無論是大至總統級別的管理者，還是小到一個超市團隊的管理者，都同樣能獲得成功。

日常應用

在駁斥他人時，怎樣巧妙地將批評的話語放在溫和的言談中，在不激怒對方的前提下讓對方接受自己的批評呢？

1 態度要誠懇

無論是讚美還是批評，我們都要擺出最真誠的態度。因為真誠是一種心靈的開放，它能讓我們和對方處於一種互不設防的自然狀態下，從而避免引起對方的抵觸和逆反情緒。

2 語言要謹慎

想要從讚美中達到批評的效果，用詞遣句就一定要注意，不能邏輯混亂，否則就會給對方不知所云的感覺，也就會達不到你想要的效果。

磁力法則
被罷免的貓頭鷹總統

森林動物選舉總統，貓頭鷹本不想參選，卻獲選了，但不久牠就又被動物們罷免了。

貓頭鷹憤憤地說：「我不想做總統時，你們拼命推我上去。我還沒有享受夠權力，你們又要把我拉下來。你們這些騙子！」

小動物們說：「不是路不平，是你真不行。」

貓頭鷹問：「我哪裏不行？」

小動物回答：「白天你閉着雙眼甚麼都不管，晚上你睜一隻眼閉一隻眼還是甚麼都不管。」

趣味點評

動物們選舉總統，是希望總統關心牠們的生活，能為牠們謀福利。但貓頭鷹每日每夜都在打盹，對其他動物毫不關心，對牠們的需求視若無睹。動物們的需求得不到滿足，所以就選擇疏遠牠，並把牠趕下管理者的位置。在管理學中有一種名為「磁力法則」的理論，就是針對這種現象提出來的。該理論指出：在心理上贏得下屬，並吸引他們來積極工作，是一種「磁力法則」。

管理學解讀

「磁力法則」的提出者是美國哈佛大學商學院的管理學教授約翰·科特。他早在 1972 年就執教於哈佛商學院，窮其一生都在探討和研究管理者在領導力和管理這兩個領域的關係。他說：「取得成功的方法，是 75%~80% 的領導力，加上 20%~25% 的管理。而不能倒過來。」在他看來，一個成功的管理者，管理的經驗在成功中只佔有 20%~25% 的份量，在這 25% 的位置上，「磁力法則」又佔據一席之地。

讓我們先來看一看「磁力法則」的要素。科特說：「**你是甚麼樣的人，就能吸引甚麼樣的人。**」這與中國的俗語「物以類聚，人以群分」有着異曲同工之處。然而在管理學中，**「磁力法則」還具有更高一層的含義——吸引人來的是管理者的能力，而絕不是管理者的手段。所以，管理者的能力很重要。**

幽默故事中的貓頭鷹，之所以被選為森林裏的總統，是因為牠有晝夜都能視物的本事，這個能力吸引了動物們，所以牠們選了牠。然而在牠擔任了總統後，卻並沒有把這項能力很好地體現出來，沒能滿足動物們的需求，所以動物們就將牠罷免了。

失敗的管理者對下屬的需求視若無睹，下屬就會選擇疏遠他，並把他趕下管理者的位置。但很多管理者都像貓頭鷹一樣，不懂得這一點。而成功的管理者由於能夠滿足下屬的需求，能在心理上贏得下屬的支持，因此能夠吸引下屬積極為企業工作。讓我們來看看這些成功的管理者們都是怎麼做的。

馬雲最初只是杭州電子科技大學的一名老師，因為擁有創業的熱情，於是自己一個人成立了海博翻譯社。過了幾年，他辭職成立了中國第一家互聯網商業公司；這時，他的能力吸引了他的夫人張瑛和何一兵的加入。可他並不滿足，始終懷着創業的熱情和對成功的渴望，四年後他開始開發阿里巴巴網站。這時，他對創業的熱情成為他的人格魅力，吸引了十八個人成為他團隊裏的

成員。後來馬雲成為阿里巴巴的創始人，這十八個人就是大名鼎鼎的「十八羅漢」。

　　馬雲成立阿里巴巴的時候，並沒有錢。但他無比旺盛的進取心已經贏得下屬的心。正是他無比旺盛的進取心把這十八個人的團隊打造成一支強而有力的團隊，在馬雲的帶領下，他們如雄獅猛虎，所向披靡。

目標明確是邁向成功的關鍵

　　可見，一支成功的團隊，其關鍵點在於管理者的領導力。只有管理者具有非凡的領導力，才能吸引有才能的人加入，馬雲和他的「十八羅漢」團隊就是一個很好的例子。如果你沒有很強的領導力，不能夠為成員謀福利，不能滿足成員的需求，即使成員有心和你一起打拼事業，最終也會棄你而去，就像森林裏被動物們罷免的貓頭鷹。

　　要想成為一個具有非凡才能的管理者，首先，你得是一個目標明確的人。只有目標明確，才能以目標為導向，進而和成員一起堅持實現目標。其次，你也需要是一個善於傾聽他人意見的人。只有善於傾聽他人的意見，才能讓團隊成員打開心扉，表達出自己的真實想法。再者，你還需要是一個懂得尊重他人的人。人性的心理中有一條觀點是「有參與就會受到尊重」，管理者對成員的尊重，會讓成員更加積極主動地靠近你並擁護你。

　　如果你是一名管理者，或是你正打算組建團隊，那麼就盡情地在成員面前展示你的實力吧；讓你的實力像磁石那樣，以不可抗拒的力量把和你有着同樣思想和熱情的人吸引到你身邊來。當你有了一支和你志同道合、協同一致的團隊後，你就已經成功了一半。

日常應用

在日常管理工作中，如何更好地在心理上贏得下屬，吸引他們聚攏過來，積極地投入到工作當中去呢？以下幾點有助於增強管理者對團隊成員的凝聚力。

1 培養默契

在日常工作中要有意識地培養你和員工之間的默契，只有這樣，你們才能做到「心有靈犀一點通」，才能志同道合，為同一個目標共同奮進。

2 維護原則

一個團隊裏，成員們既是一個共同體，同時也是不同的個體，你想要大家追隨你，就不能以自我為中心，而是要維護成員的權利，以滿足成員的需求為重。

情緒效應
死神帶走一百人

死神托夢給鎮長，告訴他自己將要帶走鎮上一百個人。鎮長醒來後，把這個消息通過廣播通知了全鎮的百姓。第二天，鎮上死了一千人，百姓們怨聲載道。

鎮長夢裏再次見到死神，氣憤地指責道：「你這個傢伙說話怎麼不算話？說了帶走一百人，為甚麼要帶走一千人？」

死神回答說：「這可不怪我啊！我是只帶走了一百人，其他九百人是聽說我要來被嚇死的。」

趣味點評

原本只會死一百人，可聽說死神要來，本來不會死的那些人因為焦慮和恐懼竟被活生生嚇死了；這些人的死亡是因為情緒波動導致的，可見情緒傳染的重要性。在管理學中，把這種現象稱之為「情緒效應」。

管理學解讀

「情緒效應」指的是一個人的情緒，會影響到另一個人乃至一個群體的情緒。它和「蝴蝶效應」相似，都是受到某一種誘因的影響，導致另一些看似不相關的個體也產生了反應。只不過，和蝴蝶效應有所不同的是，情緒效應始終對應主體和客體雙方，是主體對客體的不同所產生不可思議的差異。也就是說，一個人的情緒狀態可以影響到他人對其今後的評價。

作為美國總統的特朗普，他的情緒波動之大，全世界都有目共睹。早在他參選美國總統的時候，國際金融大鱷索羅斯就說過：「他是一個終極自戀狂，必將把世界毀滅。」後來，在 G7 峰會上，特朗普情緒波動不斷，他先是炮轟加拿大，然後又炮轟歐洲，並像小孩子一樣在推特（Twitter）上發出非常情緒化的言論：「美國保護了歐盟，但美國卻在貿易上沒有得到好處。」索羅斯因此對特朗普更加不看好，他警告特朗普，他的情緒波動不但會給歐盟帶來生存威脅，甚至會把自己「作」得倒台。

事實上，特朗普任職總統這幾年，推行了很多讓美國優先的政策。相比起其他總統想當世界人民的領袖，特朗普卻傷害了很多他國的利益，但不得不承認，他讓美國民眾很受益。但即使是這樣，索羅斯對他的評價依然非常糟糕；這就是情緒效應的結果。由此可見，一個人管理好自己的情緒是多麼重要。

領導者別被壞情緒控制

身為一個管理者，特朗普的情緒波動，讓外界對他的評價很不好。同樣的，面對自己的下屬時，管理者也要管理好自己的情緒，因為團隊成員的評價比外部評價更為重要。如果說一個企業是一艘大船，那麼管理者就是船上的掌舵人，而團隊成員則是水。水能載舟，也能覆舟。團隊成員能夠成就你，助你駛向成功的彼岸，也能夠顛覆你，讓你瞬間船翻人亡。

亞馬遜的創始人貝佐斯是一個優秀的管理者。在他的管理下，亞馬遜已經發展成一個集零售、技術和數據於一體的全球性公司。但亞馬遜在建立之初，卻差點毀在貝佐斯的壞情緒上。

　　亞馬遜剛成立的時候，在西雅圖郊區的車庫裏，只有幾名員工。他們每天除了要接單、打包外，還要開會。貝佐斯是一個工作狂，他絕不把問題留着過夜，總是在當天就會針對問題開很多會議。但他的情緒很暴躁，經常在開會途中就大發雷霆，這讓員工們很難接受。

　　有一天，因為幾筆訂單出了問題，貝佐斯又召集員工們開會了。當員工們正在討論解決辦法時，貝佐斯忽然怒氣沖沖地訓斥起他們來，他的行為把員工們嚇了一跳，大家也被貝佐斯的焦慮情緒所感染，紛紛變得焦慮和恐慌起來。

　　第二天，幾名員工都沒有上班，這讓貝佐斯覺得很奇怪。他了解後才知道，是因為昨天會議上自己爆發的焦慮情緒嚇到了員工們，把他們嚇得不敢來上班了，公司也因此陷入了停滯狀態。

　　從那以後，貝佐斯開始有意識地控制自己的情緒，為此還專門僱了一名教練來幫他控制情緒。每當他說話聲調過高時，那名教練就會提醒他：「你要把聲音壓低。」貝佐斯控制住自己的情緒後，員工們也就都變得願意和他一起打拼，很快亞馬遜就發展成一個國際化的大公司。

　　特朗普因為情緒波動導致樹敵無數，貝佐斯因為情緒失控嚇得員工拒絕上班，這些都是管理者經常會遇到的事情。每個人都有情緒，管理者也不例外。掌控不住自己的情緒，就會讓內部員工焦慮和恐慌，甚至離你而去。

日常應用

身為管理者，在日常工作中，情緒管理是一件至關重要的事情。當負面情緒來襲時，我們可以從兩方面着手進行調節。

1 自我暗示法

當你受到負面情緒困擾的時候，首先嘗試接受它，然後進行自我暗示：「我是最堅強的，我一定能夠戰勝這種負面情緒。」這種自我心理暗示有助於你很快從負面情緒中走出來。

2 行動轉移法

當你深陷負面情緒當中不能自拔，即使自我調節也無法控制情緒時，就索性不要去想它，而是先去做別的事情，讓自己繁忙起來，你會發現，忙碌是治療一切負面情緒的良藥。

吉爾伯特定律
我的兒子要戰死在伊拉克了

　　新上任的某國總統不親民，總給人一種高高在上的感覺。

　　但在去慰問駐守伊拉克的特種部隊時，總統卻對一個士兵大加讚賞，不但和他握手合影，還送給他很多金錢和貴重的禮物。

　　視頻傳出後，全國上下的人都很羨慕那個士兵，然而士兵的母親卻失聲痛哭起來。

　　旁人很奇怪地問她：「總統從來不正眼看人，唯獨對你兒子好，你應該感到榮幸才對，可你哭甚麼呢？」

　　士兵的母親說：「天不怕，地不怕，就怕總統說好話。我兒子本來該退役了，現在卻不願意回來，只怕他要戰死在伊拉克了。」

趣味點評

　　總統對人一貫冷淡，士兵突然得到他的親和對待，一下子便被他征服了。俗話說「士為知己者死，女為悅己者容。」每個人都願意為自己喜歡的人做事情。儘管士兵有機會解甲還鄉，卻依然選擇追隨總統而堅守戰場。士兵的母親已經預見到兒子願意為總統拋頭顱灑熱血，所以才會痛哭。

總統用自己的親和力，讓自己成為一名下屬願意追隨的上司，也讓下屬願意為他做任何事情，這在管理學中被稱為「吉爾伯特定律」。

管理學解讀

人們都願意為他喜歡的人做事情。這是管理學家吉爾伯特提出來的管理學定律。吉爾伯特告訴我們：按照這個定律去做一名管理者，會達到事半功倍的效果。

那麼，甚麼樣的管理者才是讓人喜歡的管理者呢？我們可以像總統那樣對下屬進行獎賞，也可以從其他方面着手，比如鼓勵和讚美。

Facebook（臉書）的創始人朱克伯格在創業之初，有 5 個夥伴，他們都是學編程出身的年輕人。這幾個人跟隨朱克伯格一起創立了 Facebook。隨着企業發展得越來越大，員工越來越多，公司分成了好幾個部門。這就需要幾個人分工管理：有的負責財政、有的管理人事、有的去做研發。由於他們是技術出身，對研發工作非常在行，但對其他的工作而言就是門外漢了。

朱克伯格鼓勵他們說：「我們既然能把 Facebook 從無做到有，那麼我們就一定能勝任其他工作，你們一定能行的。」在他的鼓勵下，幾個小夥伴認真鑽研自己所在部門工作的相關知識，後來都成長為獨當一面的職場優秀人才。這就是鼓勵和讚美的力量。

營造和諧的工作環境

作為一個管理者，如果他營造出來的工作環境讓人緊張或害怕，員工就會產生消極迴避的心態，從而導致整個團隊信心的瓦解消失。反之，如果他營造出來的工作環境令人充滿期待，員工就會積極進取，努力做到最好。

鼓勵和讚美的技巧有很多，總而言之一句話：只要你學會說讚美的話，讓別人喜歡聽你說話，對方就會願意按照你的話去做。做一個人讓人喜歡的管理者，除了對員工進行鼓勵和讚美外，還可以用成就下屬的方法來讓員工喜歡上自己。

　　小文是新聞學專業畢業的，在實習期間做了很多採訪，他也很喜歡這份工作。但當他正式進入一家公司工作後，一直做的是人事工作，為此他很鬱悶，卻也無可奈何。

　　有一天，公司開會，一個管理者說：「這個文案不好啊，誰來改一下？」大家都鴉雀無聲；這時，小文的頂頭上司說：「小文是新聞學專業的，對文案應該是在行的，我也讀過他的一些採訪新聞稿，感覺寫得很棒。讓他來改寫吧！他應該能勝任的。」

　　小文非常感激他的這位頂頭上司的賞識，讓他有機會做自己擅長和喜歡的工作。他想，絕對不能辜負上司對自己的信任，於是他認真仔細地修改文案，最後拿出非常好的文案，不但獲得了管理者的認可，還為公司爭取到了相關項目。

　　這就是典型的「吉爾伯特定律」，它完美地詮釋了「管理者成就員工，員工又反過來成就管理者」這一現象。

日常應用

管理者具體應該怎樣做，才能把吉爾伯特定律運用得爐火純青呢？

1 無微不至的關心

時刻觀察員工，一旦發現員工有需要關懷的地方，比如生病的時候，及時給員工送去關愛，讓員工感受到家人般的溫暖，員工自然就會對你真心追隨。

2 挖掘員工的優點

關注員工的工作表現，一旦發現他某一個點出眾，就不要吝嗇讚美之詞去鼓勵和讚美他，可以說「你很棒！」、「我相信你一定能做到！」等等。你的鼓勵和讚美，對員工而言是一種莫大的信任，員工獲得這種信任，自然就會全力以赴做到最好。

3 成就員工

你要對員工各自的專長有所了解，在公司需要的時候，要先推薦有專長的員工去做。員工會感激你成就了他。而工作是員工所擅長的，所以做起來得心應手，工作質量也一定是最好的。

激勵倍增法則
小姐，你太敏感了

　　在一次公園散步時，普希金和一位三十歲左右的女歌唱家迎面相逢。

　　女歌唱家擋住普希金的去路，問：「親愛的普希金先生，您說『傾聽着年輕姑娘的歌聲，老人的心也變得年輕。』這是真的嗎？」

　　普希金彬彬有禮地回答：「是的，我說過這話。」

　　女歌唱家憂傷地說：「那我丈夫每天都只聽小姑娘們唱歌，是因為我老了嗎？」

　　「不！」普希金笑着說，「那是因為您的丈夫不老！您的丈夫不老，所以您也很年輕啊！」

　　女歌唱家點頭道：「您這樣說也有道理。我為此抑鬱很久，現在總算放心了。」

　　普希金說：「小姐，您太敏感了。」

　　「我敏感？您曾說『傻瓜和瘋子會格外敏感！』」女歌唱家不悅地說，「所以，您是在說我是傻瓜或瘋子嗎？」

　　普希金連忙解釋：「當然不是。我還說過，『敏感是智慧的證明』，所以太敏感的女士都是美麗睿智的！」

　　女歌唱家聽了這話，情緒馬上逆轉。

趣味點評

　　女歌唱家因為丈夫不聽自己的歌曲，所以很抑鬱；普希金用「她丈夫不老」的話來反過來讚美她，這讓女歌唱家的抑鬱情緒一掃而光。後來普希金又讚美她很有智慧，這讓女歌唱家更加充滿自信。由此可見，雖然讚美只是隻言片語，但對人的激勵作用卻很大。

　　激勵不但適用於日常社交，在管理學中也同樣適用。美國管理學家彼得·德魯克提出了「激勵倍增法則」：利用讚美激勵員工，對於團隊管理者來說是性比價最高的付出。這是因為讚賞別人時所付出的，要遠遠小於被讚賞者所得到的。

管理學解讀

　　彼得·德魯克是一名優秀的管理學家，他從小就對組織管理感興趣，之所以會提出「激勵倍增法則」，這和他童年的經歷是分不開的。德魯克 1909 年生於維也納，出生後不久就遭遇了戰爭。雖然德魯克家境富裕，但戰爭也波及他全家，讓他從小就陷入了貧困。這時，胡佛總統推動成立了救濟組織，提供食物給維也納的孩子們。

　　德魯克在享受食物時，也在觀察這個組織。他發現這個組織有着嚴密的管理模式，每一個管理者都有着豐富的管理經驗。即使每天面對多如牛毛的工作量，和眾多的饑餓兒童，他們依然能夠有条不亂地進行協調和調度。德魯克在心裏暗暗感激胡佛總統和救濟組織的同時，也開始對管理感興趣；這為他後來成為管理學家奠定了基礎。

　　在救濟組織提供給兒童們食物的同時，那些團隊成員經常陷入沮喪情緒。因為戰爭帶來的創傷太大，他們不但要面對孩子們饑餓的目光，更要直接面對他們悲慘的命運。這時，管理者站出

來激勵並讚美他們，使他們忘卻悲傷，變得愉快起來，從而以良好的狀態投入到工作中。德魯克把這些言行都記在了心裏，長大後，在他的管理學中，他把它們歸納為「激勵倍增法則」。

雖然是一條管理學定律，但「激勵倍增法則」並不高深莫測，它存在於我們生活的各個方面。

讚美能激發潛能

老呂的兒子小剛，去年初三升高中時，由於面臨學業壓力，顯得十分焦慮。老呂經常安慰兒子，讓他盡可能放輕鬆。但安慰的話語只是隔靴搔癢，並不能起到有效緩解焦慮情緒的作用；無奈之下，老呂只好求助於兒子的班主任趙老師。

趙老師是一個情緒管理高手，她得知情況後，和小剛進行了兩次談話。每一次都誇讚他：「你的成績有提升，非常棒！」事實上，小剛只是在小考成績上有一點提升。但班主任老師持續不斷地表揚他，小剛每次跟趙老師談完話後都非常高興，連續跟班主任談了幾次話後，他的焦慮情緒不見了，取而代之的是沉穩和扎實的學習態度。

通過上面這個案例，我們領略到了「激勵倍增法則」的魅力，它不但能把一個人的潛力挖掘出來，更能從內到外徹底改變一個人。

這個法則在生活中的應用也比比皆是，它讓很多心灰意冷的人都重拾了信心，甚至能夠改變一個人的人生走向。很多成功的人回憶童年時都會提到，每次做錯事情，父母都是激勵而不是責罵。而那些在監獄裏的人，如果去追溯他們的童年，會發現他們中的大多數都在責罵和訓斥中長大。

幽默故事中的普希金用讚美之詞激勵了女歌唱家，並用讚美給了她自信。那麼，將「激勵倍增法則」運用到管理中，又會是怎樣的情形呢？

　　曾經在互聯網流傳着一條有關「大型科技公司員工加班」的微博。該員工加班一個星期，非常辛苦和疲勞，就在他終於結束加班，回家倒頭睡在床上時，他收到了公司的短訊，短訊上不但表揚了他的工作付出，而且還有好幾萬元的加班費。這條短訊讓他的疲勞感瞬間滌蕩無存。他覺得自己所有的辛勞和付出全都值了。在這條微博下面，很多人都留言表示，願意為這樣的管理者加班，體現工作價值的加班費是其一，更主要的是公司的表揚和讚美是對員工最大的肯定，它讓人欣慰又快樂。

　　可見，在激勵員工時，物質獎勵固然是基礎，對他們的付出加以肯定，給予他們施展抱負的機會，則是讓他們迸發潛能的關鍵。**激勵，只是讓管理者付出一份心思，但收穫的卻是無法估算的價值。**

日常應用

　　懂得讚美和激勵他人，往往能增加和他人之間的愉悅度，從而形成溝通交流的良性循環。在日常生活中，我們需要掌握一些讚美和激勵他人的技巧。

① 「我相信你，你一定行」

　　當員工缺乏自信的時候，你不要表現出焦慮的情緒，把這種情緒收起來吧，要目光堅定地對他說：「我相信你，你一定行！」

② 「你做得非常好，多虧有你」

　　當員工做出成績時，千萬不要吝嗇你的讚美之詞，多多誇讚他吧，讓他聽到你真誠的讚譽：「你做得非常好，多虧有你！」

大榮法則
是金子還是渣子，
你自己説了不算

　　某互聯網公司招了一名新程序員，上司讓他和一名老程序員一起工作。新程序員加班努力工作，讓公司的程序越來越好，業務也蒸蒸日上。

　　年底發獎金時，新程序員卻發現自己沒有獎金，而老程序員的獎金卻比自己全年工資還要高。

　　新程序員很惱火：「有眼不識金鑲玉，我明明是塊金子，卻把我當成渣子用。不行，我要去找財務部搞清楚。」

　　老程序員攔住他説：「沒有用的，我們公司的程序員名額只有一個，你在公司的花名單上是普通員工。在這裏，是金子還是渣子，你説了都不算。」

　　新程序員聽了後，當場就寫了辭職報告……

趣味點評

　　新程序員有實力，是一個人才。但管理者卻忽視了這個人才，讓新程序員寒心並最終離開公司。一個管理者，只有留住人才，才能使企業得到發展。「企業生存的最大課題就是培養人才」，管理學中的「大榮法則」講的便是這種現象。

管理學解讀

　　上面那則故事給了管理者們一個警示：**人才決定企業的成敗！只有把人才放在首位的企業，才能飛速發展。而那些把人才擺在次位的企業，無論它有多麼雄厚的資金和多麼寬廣的人脈圈，最終都會以失敗告終。**

　　「大榮法則」是由日本大榮百貨公司提出來的一條管理定律。當年，大榮百貨公司剛成立，只有十三名員工，在經營百貨公司的過程中，管理者悟出一個道理：只有培養人才，並讓他們為公司所用，公司才能走上壯大的路。於是，大榮的管理者始終專注於挖掘和培養人才，百貨公司很快就網羅了很多人才。在員工們的齊心協力下，大榮公司得以蓬勃發展，並迅速從一個十幾人的小百貨店發展成為日本最大的百貨公司。

　　任何一個團隊建設，其實就是人才建設。有了人才，企業才有發展的空間，沒有人才，一切都是空談。幽默故事中的新程序員是一名人才，有了他，公司的業務才得以蒸蒸日上。管理者對此應該心裏有數，對人才應該進行激勵褒獎，才能留住人才，然而管理者沒有這樣做。新程序員覺得自己是匹良馬，卻沒有遇到伯樂，當然一走了之。

　　讓我們再來看個案例。華為是一家相當注重人才的公司。管理者任正非說：「我們公司應該至少是有七百多個數學家，八百多個物理學家，一百二十多個化學家，還有六千多位專門做基礎研究的專家，再有六萬多工程師來構建這麼一個研發系統，使我們快速趕上人類時代的進步，要搶佔更重要的制高點。」從這番話中，不難看出管理者對人才的重視程度。

　　2019 年，在任正非的指揮下，華為公司招聘了八名頂尖實習生，並給予他們高薪。任正非所運用的便是「大榮法則」，他用二百萬的年薪把這些人才網羅到公司；接下來，這些人才就將像泥鰍一樣鑽活華為的組織，激活華為這支隊伍。

華為的發展，我們有目共睹，它目前已經成為世界一流的科技公司。而取得這種巨大成就，僅僅依靠挖掘人才顯然還不夠，還要善用人才，讓人才各自在自己擅長的領域發揮潛能。為此，管理者任正非對人力資源部說過一句話：「如果鄧小平到華為公司應聘，我們是否錄用？」人才資源部一時間不知如何作答。

誰敢回答這個問題呢？一個級別高如國家領導人的人才來應聘，錄用的話，怎麼安排好呢？任正非卻給出了答案：「即使級別高如鄧小平的人才來應聘，也是可以錄用的；但是一定要考慮清楚人才的特點，並根據這個特點安排適合他的職位。只有這樣，才能把人才的才能最大限度地發揮出來。」

日常應用

企業生存的最大課題就是培養人才，有效的培養能使人才增值，讓企業和員工獲得雙贏。那麼怎樣才能發現和培養人才呢？

1 去高校錄用人才

剛出校園的學生可塑性非常強，如果再掌握了所學專業的所有知識，並能進行創新，那麼這就是一個潛人才，盡快挖掘去吧！

2 更新人才的技術知識

新員工的知識，對於公司產品的發展是一個巨大寶藏，能夠給公司源源不斷提供能量。但時間一長，人才的知識能力就會停滯不前，跟不上企業發展的腳步，這時人才也就變成了庸才。管理者要及時提供機會讓員工的知識體系得以更新，成為與時俱進的人才。

第 **4** 章

指導篇

因才任用，實現高效率管理

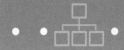

波特定理
這不能怪我

　　下屬把文件拿錯了，受到經理責罵，慌亂中又把報表數據填錯，開車出門辦事又撞了人。

　　經理憤怒地罵道：「你這個笨蛋，如果說做錯一件事情是你的疏忽，後面連續出錯就是你愚蠢了。」

　　「經理，這不能怪我，」下屬回答，「不都說『近朱者赤，近墨者黑』嘛！」

趣味點評

　　下屬犯第一個錯誤時，如果上司不一味指責的話，他也許會汲取教訓，並會用心做好以後的事情。但經理過於關注他的錯誤，一味地指責致使下屬亂了方寸，不停地出錯。正是因為經理的愚蠢，才導致下屬也變得愚蠢起來。管理學中的波特定理講的就是這個道理：總盯着下屬的錯誤，是一個管理者最大的愚蠢。

管理學解讀

「波特定理」是美國的人力資源管理專家萊曼‧波特提出來的。他一直致力於管理學的研究，提出過很多管理學理論，波特定理便是其中的一條。經過多年的觀察和研究，波特發現，從來沒有不出錯的員工，管理者對下屬的批評是不可避免的。但是批評的方式不同，結果也會千差萬別。

有的管理者很激進，員工出錯後，不分青紅皂白就是一頓批評，把員工罵得狗血淋頭。管理者以為這樣就能起到殺一儆百的效果，然而事實並非如此。很多案例證明，這樣做的結果，只會大大挫傷員工們的積極性和創造性，輕者使其產生對抗和抵觸情緒，重則導致反投敵營，給企業的發展帶來意想不到的後果。

某公司的項目負責人因為犯了過錯，被項目部門的經理罵了一頓，並當場被項目經理辭退。被罵讓這名項目負責人很難過，被辭退讓他更加憤怒，這不僅使他失去了工作，更傷害了他的自尊。這名負責人一直主管該項目，熟知該項目相關的所有客戶資料和訊息，於是他轉投了與該公司競爭此項目的對手公司，帶去了在該公司的所有客戶訊息和資料，後來這家公司的該項目以失敗告終。

從這個案例可以看出，嚴厲批評的確能夠彰顯管理者的威嚴，體現公司規章制度的嚴格，可為此付出的代價卻是沉重的，管理者一定要三思而後行，切忌在員工的錯誤面前逞一時口舌之快，留下重大後患。

員工在工作時都會有出錯的可能，受到批評是避免不了的，尤其是員工犯了根本性的錯誤時，管理者更有必要批評一番，以加深其印象，避免下次再犯。不過在批評的過程中，一定要注意適度。恰到好處的批評能讓員工記憶深刻；但如果批評過度，那就只會適得其反。

不要傷害員工的自尊

就像幽默故事中的下屬和經理。經理只顧着不停地批評下屬，員工心生恐懼，做起事情來六神不安，引發連續出錯。倘若經理適度提醒員工所犯的錯誤，叮囑他下次不要再犯這樣的錯誤，員工就比較容易接受，且會因為管理者的寬容與信任，而變得細心起來。

管理者一定要認識到，寬容讓人心安，心安才能有創新力。寬容，就是讓管理者做換位思考，站在下屬的角度去想這個問題。想想下屬為甚麼會犯這個錯，是客觀原因造成的，還是主觀因素造成的。如果是客觀原因，那麼就不能批評下屬，而是選擇和下屬共同解決問題。如果是主觀原因造成的，當然是要批評的，不過在批評之前一定要先肯定下屬的成績，讓對方有認同感，然後再進行批評，就不會傷害到下屬的自尊了。

瑪麗莎‧梅耶爾是雅虎（Yahoo）的管理者，剛進入雅虎後不久，她就發現有一半以上員工不登錄公司的 VPN（虛擬專用網絡），這意味着這些員工在上班期間可能從事與雅虎無關的事情。這顯然是一個極大的錯誤，公司也會因為這個錯誤而受到影響。

不過，梅耶爾並沒有對這些員工大聲責罵，她對他們說：「你們的成績很大，雅虎能有今天，靠的是大家支撐。」這番話讓員工們很受用，覺得自己的價值得到了上司的認同。此時，梅耶爾話鋒一轉：「你們在上班期間不工作，難道是想在下班後掙加班費嗎？」她的話聲音不大，卻讓下屬們很羞愧，由於梅耶爾剛才對他們的肯定，所以他們並未覺得被批評是件很令人難堪的事情，而是非常感激梅耶爾沒有直接批評他們。最後，有一部分人改正了這個錯誤，並一直留在雅虎為梅耶爾打拼。

總盯着下屬的錯誤，是管理者最大的錯誤。管理者的對錯誤的過度注視會讓員工拘泥，令他們故步自封，會讓他們喪失改正錯誤的想法，這樣的結局對於一個企業的發展是很糟糕的，作為管理者，一定要謹記這一點。

日常應用

當員工犯了錯誤時，我們要講究方法去批評他，讓他在不知不覺中接受我們的建議。

1 先表揚後批評

當你了解到該員工的錯誤時，先不要急忙去批評他，而是先了解清楚他的成績，然後對他的成績進行肯定，之後再進行批評。

2 簡短扼要

每個人都會在批評中急忙尋找理由去為自己的行為辯駁，等你長篇大論批評完，員工也早就想好了反駁你的理由；所以批評的時候一定要簡短精練、一語中的。

壞蘋果法則
換媽媽

弗洛伊德開診所時，與一對母子比鄰而居。

有一次，鄰居兒子數學考得不好，母親便嘮叨不停。直到下次考試，兒子連物理和化學也沒有考好。母親懷疑兒子不夠聰明，帶着兒子來到弗洛伊德的診所測驗智商，結果顯示兒子智商很高。

「既然智商很高，那麼一定是學校和老師的問題。」母親語氣十分肯定，「弗洛伊德先生，看來我應該給兒子換學校和老師了。」

弗洛伊德回答道：「那可是維也納頂尖的中學，負責教學的是最優秀的老師。」

母親犯了難：「那可怎麼辦好？智商夠高，又是最好的學校和老師，學習成績卻一直下滑。弗洛伊德先生，您是最有名的心理醫生，請一定要幫我兒子想想辦法。」

「好的。」弗洛伊德答應着，很快開出了藥方單。單子上寫着一行字，「換媽媽。」

趣味點評

在奔向大學殿堂的路上，母親和兒子結成了一個團隊。母親不停地抱怨兒子學習成績不好，不僅對兒子的進步起不到積極作用，反而導致兒子的整體學習成績下滑。長此以往，母親惡劣的態度必將毀掉兒子的學業，他們這個團隊也將以失敗而告終。弗洛伊德深諳這個道理，所以開出了讓人啼笑皆非的藥方單。

人的壞情緒是會被傳染的。本來團隊有着積極的氛圍，但若有一個成員總是消極抱怨，就會影響到團隊其他成員的情緒；就好比把一個壞蘋果留在一筐好蘋果裏，結果你將得到一筐爛蘋果是同一個道理。這就是管理學中的「壞蘋果法則」。

管理學解讀

　　我們先來做一個實驗：買一袋蘋果，其中有一個壞的，我們並沒有把它揀出來，過了幾天再看，整個袋子的蘋果都壞掉了。原來壞蘋果含有大量的乙烯分子，它能促發蘋果啟動「成熟機制」，如果一個蘋果壞掉了，那麼乙烯就會從傷口處「跑」到其他蘋果那裏，加速它們的成熟和腐爛。

　　這個現象也經常出現在團隊裏：一群人為了同一個項目聚在一起，大家本來都對該項目的前景充滿希望，都興致勃勃地為實現項目的目標而努力拼搏着。忽然有一天，其中有一個人開始抱怨起來，他對這個項目很抵觸，甚至告訴團隊裏的每個人這是一個不可能實現的目標。他的言論打擊着大家的自信；幾天後，所有團隊成員都沮喪起來，項目自然也就很難進展下去。

　　管理學的研究者們觀察到這一特點後，就把這種現象稱之為「壞蘋果法則」。從上面的分析可以看出，壞蘋果法則是說，一個人的態度會影響到整個團隊。如果你想要一個積極進取的團隊，千萬別讓一個人的惡劣態度毀掉它。

　　幽默故事中的兒子，本來是一個高情商的孩子，也有着積極進取的態度。但因為一次考試失利，就被他媽媽每天反覆地嘮叨。長此以往，母親的焦慮情緒也打擊了兒子的積極性，導致他的成績直線下滑。此時想要讓兒子成績上去，只有兩個辦法，要麼讓母親閉嘴，要麼把她從兒子身邊調走。對於管理者來說，觀察團隊裏有沒有「壞蘋果」，並將「壞蘋果清理掉」，是一項很重要的工作。

指導篇：因才任用，實現高效率管理

除此之外，管理者更要注意，員工之所有產生消極情緒，很重要一點是因為管理者在工作中事必躬親，這樣一來就會破壞員工積極性，讓他們滋生惰性思維，長此以往，員工就會變成一個個消極的「壞蘋果」。

真正成功的管理者，是不會把事情做得太圓滿的，因為他要留一席之地供員工們施展自己的才華；只有這樣，員工們的自我價值需求才能得到體現和滿足，他們也才不會抱怨，團隊也才永遠都會保持一種積極向上的氛圍。

要記住：一個管理者的積極進取，只能換來一時的成功；而一個團隊的積極進取，才能換來長久的成功。

日常應用

想要打造一個積極進取的團隊，就要注意不讓團隊裏面出現消極的人，同時也要警惕不讓自己成為打擊團隊成員積極性的那個人。對此，我們可以這樣來做。

1 觀察成員，正確指導

要時刻觀察每一個成員的思想狀態，一旦發現員工情緒消極，馬上進行鼓勵，如果改變不了就要開除，徹底隔絕他影響其他成員的可能性。

2 給予員工展現才華的空間

在工作中不要把任何事做得太圓滿，要給員工留有體現其價值的空間；不要大小事情都親力親為，那樣會讓員工退縮，成為一個個牽線木偶，不利於團隊發展。指導員工工作時，多進行啟示，多讓他們暢所欲言，多對員工進行肯定與誇讚。

思維定式效應
誰是全國通緝的要犯

做警察的父親和十歲的兒子玩指認罪犯的遊戲。父親給兒子看兩個人的照片，這兩個人一個慈眉善目、文質彬彬；一個相貌醜陋、粗鄙不堪。

「兒子，你看他們誰是全國通緝犯呢？」

兒子指着那個相貌醜陋的人說：「一定是他。」

父親說：「錯，這個看起來善良的才是罪犯。」

兒子困惑不已：「不對啊。你們大人不都說相由心生嘛！」

趣味點評

兒子從小就聽大人們議論好人與壞人的長相，大人們經常說的「相由心生」印在了他的腦海，並形成了一種慣性思維：相貌看起來善良的人都是好人。所以在指認罪犯的時候，他才會把通緝犯當成好人，而把一個無辜的人當成罪犯。企業的管理者稍不留神就會犯這種慣性思維的錯誤，管理學家們把這種現象稱之為「思維定式效應」。

毫不誇張地說，思維定式是每個成年人身上都存在的一種現象。舉一個最簡單的例子：提到中餐早點，我們馬上會聯想到包子和小米粥；提到西方早點，我們馬上會想到煙肉和薯餅。但事實上中餐早點也有煮麵湯或是大餅鹹菜，西餐早點也可能吃三文治或沙律。

然而，從小我們接受的概念就是中餐早點小米粥配包子，西餐早點煙肉配薯餅；久而久之，當我們分析問題時，就有了一種傾向性，它會把我們的思維自動帶入之前的念頭裏，這就是「思維定式效應」。管理學家們把思維定式效應劃入管理學的範疇，因為在團隊管理中，普遍存在這種現象。

小劉和小趙是某公司招錄的同一批大學實習生，兩個人對待工作都很踏實認真；但因為小劉最初去的時候不熟悉工作流程，結果犯了一個錯誤，給公司造成了一些損失。他的上司知道後將小劉批評了一頓，還警告他要細心，下次不要再犯。

過了三個月後，那個上司發現團隊裏有人又犯了小劉上次犯下的同樣的錯誤，而且給公司造成了更大損失。上司很惱火，他不分青紅皂白就把小劉責罵了一頓：「上次我不是警告過你不要犯同樣的錯誤了麼，怎麼還這樣？這次的損失你負責吧！」

小劉被罵得是丈二和尚摸不着頭腦，好一會兒他才反應過來，趕緊澄清自己沒有犯錯。上司經仔細核查才發現，那個錯誤是小趙犯的，原來是自己罵錯了人，一時間小劉也很委屈。

這個上司就是犯了思維定式的錯誤，因定式思維的影響，以為小劉犯了一次錯，就一定還會再出現同樣的錯。就好比幽默故事中的那個小孩，聽到大人說相由心生，便以為相貌好的人都是好人，從而在最後做出錯誤的判斷。

　　思維定式是一種無形的枷鎖，會束縛住我們的認知，讓它朝習慣性的方向傾斜。如果管理者只是像那位上司對員工做出錯誤的判斷也就罷了，畢竟是內部矛盾，都是一個團隊，有問題可以溝通。但如果管理者用這種思維定式對用戶做出錯誤的判斷，那麻煩可就大了，很可能會因此而得罪客戶，給公司帶來無法彌補的損失。

避免陷入思維定式

　　大家都知道諸葛亮使用空城計來騙走司馬懿的故事，每個人都在誇諸葛亮的聰明才智，卻沒有人注意到，其實這是因為司馬懿吃了思維定式的虧。當時，諸葛亮把城門打開，安排士兵在城門處掃地，而自己安坐在城頭上怡然自得地與司馬懿對壘。

　　此時的司馬懿想：按照諸葛亮一貫的行事方式，他從不做沒有把握的事情，既然敢端坐城頭，那他一定胸有成竹。一旦陷入定式思維，司馬懿就很難再做出正確的判斷，於是他開始自己嚇自己，認為諸葛亮一定派了重兵把守城池，這次一定也不例外。有了這樣的錯誤推斷，司馬懿已經很難做出正確的決策，於是錯失了攻下西城活捉諸葛亮的大好機會。

　　當然，也不能全盤否定思維定式。思維定式其實存在着兩種形式，一種是適合思維定式，一種是錯覺思維定式。像幽默故事中的兒子、訓斥實習生的上司和面對諸葛亮的司馬懿，都是陷入了錯覺思維定式中，才會做出錯誤的判斷。

　　而適合思維定式是指人們根據所學的知識和積累的經驗，對事物做出正確反應的一種思維。這種思維定式能幫助管理者做出正確的決策，對問題的解決有很重要的意義。

　　某科技公司項目經理帶領三名科技人員做產品，發現產品和市場方向存在偏差，於是項目經理經過市場調研後給三個員工做出指導性的建議。在這個項目中，項目經理其實並不懂技術，不能親自動手修改產品，但他能夠運用適合思維定勢來指導三名

科技人員做修正。經過這樣的配合，生產出來的產品非常適合市場，產品十分暢銷。

由此可見，思維定勢效應既有消極的一面，也有積極的一面。消極的一面會讓我們思維呆板、做事機械、墨守成規；積極的一面能讓我們指導員工迅速解決問題。

在借用思維定勢的過程中，要如何避開消極的一面，利用積極的一面，是管理者的一門必修課。

日常應用

思維定式是一把雙刃劍，管理者想要很好地運用思維定勢，卻又不被它所傷，就要做到以下幾點。

1 多學習新知識

在平日裏要多學習新知識，讓認知結構在新知識中得以更新，從而始終保持積極正確的思維定式。

2 三思而後行

面對問題時，會存在多種選擇。這時候要慢一點做出判斷，多思考，找出事實的客觀真相後再做判斷。

無折扣法則
別讓聽令者猶豫不決

戰場上，排長正率領士兵與敵人對陣。

「接下來，各位在槍的有效射程內開始射擊。我的命令必須百分之百執行，倘若誰敢猶豫不決，我將送他去軍事法庭。」排長非常嚴肅地說。

士兵們響亮地回答：「聽見了！」

新兵小李突然調頭向遠處跑去。排長喊住他：「你要幹甚麼？是為了上軍事法庭而當逃兵嗎？」

「報告排長，我絕對不敢。您剛才要我們百分之百執行命令，我手裏的槍有效射程是 1000 米，而現在我們距離敵人 500 米，所以我需要退回 500 米再射擊。」

趣味點評

新兵小李為了絕對執行排長的命令，轉身退回 500 米。雖然他誤解了有效射程的含義才鬧出這個笑話，但他對排長的命令卻是做到了百分之百的執行。

企業的員工就需要這種把領導的命令做到百分之百執行的精神，管理者要讓所有的員工明白這條「無折扣法則」：命令不是廉價的處理品，不能打折，不得夭折。

管理學解讀

「無折扣法則」是英國劍橋大學經濟學教授理查茲‧肯特在觀察研究很多企業管理者的管理案例後總結出來的。通過對諸多案例的分析，肯特發現，**管理者想要指導員工，並讓他們按照自己的想法去完成目標，最有效的方法就是用命令控制他們。**

而命令是否執行到位，就要看在完成目標的過程中，員工有沒有認真貫徹執行管理者的命令。如果有認真貫徹執行，那麼管理者的目標就能得以完成；但如果員工根本沒有執行，或是半途而廢，那麼目標就不可能完成，這個命令也就作廢。

對於這條法則，我深有體會。某文化公司策劃編輯周薇接了出版社的一個圖書選題，於是周薇安排公司的一名作者去寫。她交代了作者寫這本書的思路和方法，卻唯獨沒有提出讓作者甚麼時候提交目錄和樣章。一個星期後，出版社詢問這個選題的進度，周薇這時才想起這件事情。

等她向那名作者要書稿的目錄和樣章時，作者回答說：「周小姐，您始終沒有告訴我甚麼時候上交，我以為你們不做這個選題了，所以到現在都還沒有寫……」周薇這才意識到，她的命令沒有讓作者產生緊迫感，結果導致作者沒有執行命令。

從這個案例，可以看出無折扣法則的重要性。同時我也認識到：想要讓員工明白命令是必須完成的一件很重要的事情的話，管理者就一定要在下發命令時交代清楚「重點」和「結果」這兩大要素。

交待清楚重點、結果

此外，命令還不能太複雜冗長，因為這會讓員工思維混亂，從而誤解你的命令。就像幽默故事中的「排長」和「新兵」一樣：排長沒有交代清楚，新兵也就誤解了他的意圖，最後才會鬧笑

話。那麼，在簡要的命令中，要怎樣才能做到交代清楚重點和結果這兩大要素呢？

我們在交代命令前，先要給自己提兩個問題：一、為甚麼必須要做這件事情？二、這件事情必須在甚麼時間之前完成？然後找出問題的答案和理由，並把他們交代給員工就可以了。至於項目如何更好地進行，使用甚麼辦法進行，可以在監督員工執行命令的過程中再進行指導。

任正非安排員工開發晶片的時候就是這樣做的。當時，他交代研發部的工程師們說：「為了我們將來不受制於人，必須做這件事情。」這句話讓工程師們明白了這個命令的重要性。隨後，他又說：「研發晶片是一件很燒錢的事情，我們沒有那麼多錢，即使借高利貸也要搞研發。不過，高利貸是有期限的，所以在這之前你們的新產品研發一定要成功。如果新產品研發不成功，你們可以換工作，我只能從這裏跳下去。」這句話讓工程師們明白了這個命令的緊迫性與重要性。

任正非只是這麼簡單的兩句話，就讓晶片研發部的所有員工都鉚足精神加班地工作。不到一年的時間，華為首顆具備自有知識產權的 ASIC 就誕生了，這就是華為晶片事業的起點。而這顆晶片，也是任正非管理工作中無折扣法則理論的完美體現。

通過分析上面案例，我們還可以發現一點：在交代命令的過程中，管理者不能有絲毫懈怠的態度，那樣容易給員工造成一種錯覺：我們的頭兒都不重視，那這件事情肯定不重要。

因此，在接下來的執行中，他們肯定就會做事拖拉，執行的效果自然也會大打折扣。

日常應用

身為管理者，每天都要下發各種命令，怎樣才能讓我們下發的命令不被員工打折扣，並得到貫徹執行呢？

1 表情嚴肅地大聲下達命令

也許你是一個溫和的管理者，平日裏和員工們打成一片。但當你交代命令時，一定要嚴肅起來，並大聲地將你的命令說出來。只有這樣，才能讓員工們認識到這個命令的重要性。

2 讓員工複述一遍你的命令

員工是否能準確地執行命令，和他們的理解能力有關係，理解到甚麼程度，才會執行到甚麼程度，管理者一定要確保自己的命令已經被員工準確地理解並接收。下達完命令後，可以讓員工複述一遍他理解到的該命令；如果員工理解得不到位，就要及時糾正，不要嫌麻煩。現在多費心一點，將來就會更省心。

吉爾伯特法則
都想當元帥

　　拿破崙遭遇滑鐵盧失敗的當天，對他的下屬們大發脾氣。他大聲說：「一流的統帥打響一流的戰役，得勝的卻是二流的將軍。陷入如此困頓的局面，真是讓人生氣啊！」

　　下屬說：「元帥，我們現在是最困難的時候嗎？」

　　「當然！對於我們來說，這是一個可怕的災難！」拿破崙說。

「別着急，元帥，我們還能打勝仗的。」下屬說，「因為您曾經說過，最困難之時，就是離成功不遠之日啊！」

　　拿破崙搖頭：「不可能了。我們的援軍根本就沒來，如此危險的事情竟然沒有一個人報告給我。」

　　「元帥，這不能怪我們。」下屬不慌不忙地解釋，「您說過，不想當元帥的士兵不是好士兵。我們都想當元帥，可元帥是從不報告的啊！」

趣味點評

　　戰場上，在敵我力量旗鼓相當的時候，援軍決定勝負。拿破崙本來有十足的勝算，然而戰爭打響後，他的援軍卻一直沒有出現。而且這麼大的事情竟然沒有人告訴拿破崙，這是一件非常危險的事情，它直接導致拿破崙在滑鐵盧戰役中遭遇失敗。

拿破崙的軍隊如此，企業的團隊也是一樣。**不論你在公司裏面是一名職員，還是一名公司高層，真正危險的事情，是沒有人告訴你目前的險境，讓你一直處在自己預設的安全中，最後掉進危險的深淵才幡然醒悟。**這就是管理學中著名的「吉爾伯特法則」。

　　「吉爾伯特法則」是英國的人力培訓專家 B. 吉爾伯特提出來的一條管理學理論。他説：「**工作危機最確鑿的信號，是沒有人向你說你該怎麼做。真正危險的事情，是沒有人跟你談危險。**」縱觀古今中外的歷史，你會發現，很多朝代被推翻，都是因為當政者身邊沒有人告訴他即將到來的危險，而讓他一直處於太平盛世的假象中。一旦敵軍兵臨城下，再想抵抗為時已晚。

　　就拿幽默故事中的拿破崙來説，對自己的戰略和實力滿懷信心，卻因為沒有人告訴他援兵未到，危險逼近而不自知，最終以失敗告終。同樣的現象也經常出現在團隊管理中。2019 年 7 月 28 日，一名女飛行員在美國 USAG 航校飛行訓練期間，不幸遭遇飛機失事遇難。該事件不但給學員家人帶來永遠的悲痛，也讓美國聯邦航空管理局和地方當局對學校展開調查。

　　調查結果很快就出來了：這架飛機的引擎、起落架和電子系統等部件都相繼出現過故障，也正是這些故障導致了這場事故。學校的管理者對於這件事情顯然難辭其咎，必須承擔責任。

　　管理者很沮喪地説：「我根本不知道這架飛機出現過這麼多故障，從來沒有人和我説起過。」

　　正是因為沒有人告訴這位管理者學校的飛機存在安全隱患，所以他不知道危險所在，才會發生這次空難。倘若有人提前告訴他，他下令停止該飛機的使用，就能阻止這次危險事故的發生。

我們常常因為別人的教訓和批評而勃然大怒，卻根本沒有意識到，教訓和批評是在提醒我們能力不足，無法應付危險。「能力不足」並不可怕，只要有人提醒，就要想辦法提高自己的能力。最可怕的是沒有人說出我們的缺點，更沒有人教我們怎樣做。而且我們根本不知道危險所在，此時一旦危險迎頭擊來，連躲避的時間都沒有。

委屈是便宜，批評是饋贈

華為在遭遇美國圍追堵截的同時，也遭遇到了國內很多蘋果用戶的批評和謾罵，說華為手機根本比不上蘋果手機。這種說法讓很多人都很生氣，他們紛紛挺身而出和蘋果用戶發起論戰。

然而，身處漩渦中的華為管理者任正非卻勸大家不要生氣，他說：「不要怕批評，要感謝罵我們的人，不拿華為的工資和獎金，還罵我們，通過他們的批評，我們可以知道在哪裏改進，所以他們是在幫助我們進步。」

很多優秀的管理者都具有和任正非一樣的想法，在遭遇質疑和批評時，他們不會耿耿於懷，更不會心存報復，而是把這些批評視為難得的寶貴意見。「委屈是便宜，批評是饋贈」，記住了這句話，也就能夠成為一名坦然面對批評的管理者。

其實，這條理論不僅只適用於工作管理中，它同樣也適用於我們的生活中。我們每個人都是生活的管理者，生活中經常會遇到各種不同的人，而我們正是通過其他人的眼睛才形成立體的個體。人無完人，只有當別人提出批評時，我們才知道自己的缺點，才會去修正。如果沒有人向我們提出缺點，那我們就將沿着錯誤的路一直走下去，那樣下去是很危險的。

在工作和生活中，經常會遇到批評。我們怎樣才能虛懷若谷地接受對方的批評呢？

1 虛心接受，自我調節

當有人批評你的時候，要虛心接受，心意難平時不妨用「如果批評我的人知道我所有的錯誤的話，他對我的批評一定比現在更加嚴厲」進行自我心理調節。

2 冷靜處理，不急於解釋

有時候，對方的批評不一定對。被誤解的時候也不要急急忙忙地去解釋，那樣反而說不清楚。等到對方冷靜下來後再做解釋，並在這個過程中，思考自己有沒有可能在以後的工作中出現這樣的過錯。

古特雷定理
王子點餐

　　迪拜王子牽着一頭老虎走進餐廳。

　　王子對服務員說：「給我來一份海鮮套餐。謝謝！」

　　服務員問：「先生，就要一份嗎？不給您的寵物虎來一份？」

　　王子說：「不用了。」

　　服務員猶豫了一下，又問：「真的不用嗎？但我覺得牠是需要一份的。」

　　王子被問得有些煩了，他衝服務員吼道：「我說不用就是不用，你動腦子想一想，如果牠餓了，我還能坐在這裏嗎？」

　　服務員很委屈，她看着王子幽幽地說：「先生，或許您可以給自己點兩份。」

　　王子奇怪地問：「為甚麼？」

　　服務員說：「因為您的老虎很樂意牠的食物更肥胖一些。」

　　服務員再三請求王子給老虎點一份餐，給人感覺她是在強行買賣，王子也被她推銷的做法激怒。然而，服務員最後一句看似無厘頭的話卻讓人深思：如果王子不餵飽老虎，那當老虎餓了，王子又沒有食物餵牠時，王子就必然成為老虎口中的食物。

　　同理，如果我們只處理眼前的問題，卻不去想下一個會出現的問題。那麼，我們就無法做到提前規劃和預防，當問題出現的時候，我們就不能從容應對。

　　做企業管理也是如此，**一個組織或企業的戰略目標要具有持續性，我們不能只看到眼前的發展，還要為更遠的目標做準備和鋪墊，即「每一處出口都是另一處的入口」，這就是管理學中的「古特雷定理」。**

管理學解讀

　　現在很多企業管理者都把美國管理學家 W. 古特雷提出來的「古特雷定理」，當作企業發展的金科玉律。

　　引擎搜索出身的谷歌（Google），在管理者們的帶領下，一直穩居互聯網搜索引擎的頭把交椅。隨着流量的增大，谷歌的管理者們要給這些流量尋找新的出口，於是接入地圖、O2O、金融、移動出行等多種業務，為谷歌公司的發展打造出了更多的可能性。

　　在當今這個機遇縱橫又瞬息萬變的時代中，只擁有核心競爭力的企業，已經無法適應時代需求。管理者們如果看不到這一點，只是死盯着一個目標一直往前走，遲早會被時代所淘汰。只有在上一個目標進行時就已經規劃出下一個目標的企業，才能始終具備時代競爭能力，就像谷歌那樣。

　　縱觀 Facebook 公司的發展也是如此。朱克伯格最初建立

Facebook 網站只是為了給大學生們建立一個社交平台。隨着用戶增多，這個目標已經實現。而過多的流量又為企業新的發展奠定了基礎，於是他利用眾多的流量把 Facebook 規模擴大，發展成一個用戶遍佈世界每一個角落的全球型大公司。現在 Facebook 的社交平台規模已經趨於穩定，多年的發展又為 Facebook 積累了大量科技人才，而這些人才又為人工智能的發展奠定了基礎，所以朱克伯格的下一個目標就是人工智能。

規劃目標要有前瞻性

諸如此類的管理者還有很多很多，他們所做的，就是 W. 古特雷所說的：在上一個目標的基礎上挖掘下一個目標，讓下一個目標成為上一個目標的延續。

這些成功的管理者不但把這條理論應用在企業發展上，還把這條理論用在對自己的人生規劃上。馬雲辭職的事情，曾經一度引起網絡熱潮。馬雲憑着自己的智慧和管理經驗，把阿里巴巴打造成規模一流的互聯網公司，公司蓬勃發展成一個商業帝國。然而當其他人都在仰望這座帝國時，馬雲卻已經有了新的目標：做教育和公益。他要利用積累的財富為中國的教育改革添磚加瓦。在不久的將來，他會開闢出一個新的教育帝國也未可知。這就是「古特雷定理」的神奇所在。

假如我們目前沒有那麼大的資產，設立下一個目標自然不必那麼恢宏。我們只要在上一個目標的基礎上延伸擴展出新的目標，並去認真實現它就很好。如果管理者在團隊中學會利用「古特雷定理」，團隊將會一直蓬勃發展下去。

不過在使用「古特雷定理」的時候，一定要注意一點，當我們設定下一個目標的時候，一定要以上一個目標為依託，這樣下一個目標的實現才有保障。比如，我們有一片空地，修建了一片莊園別墅；下一個目標，我們就要在這片莊園別墅上開發旅遊項目，有了資源，只需要再把客流引進來就成功了。但如果撇開莊園別墅，去做別的項目，就需要一切重新開始，雖然有可能成功，但付出的成本更多，而且遭遇失敗的概率更大。

在工作管理中，如果只是等到上一個目標實現，再去規劃下一個目標，有可能就無法做到連貫。那麼，怎樣才能讓下一個目標與上一個目標銜接呢？

要讓目標具有連續性，就要做到早規劃。所謂早規劃，就是用具有前瞻性的眼光去制定目標，並在實現這個目標的過程中為下一個目標埋下伏筆，而這個伏筆就是下一個目標的入口。

第 **5** 章

溝通篇

換位思考，做上下級之間的橋樑

比林定律
學會拒絕

大陳最近很抑鬱，他決定去看心理醫生。

一番檢查後，醫生說：「先生，你是一個老好人，從來不懂拒絕。不要輕易答應別人，你的病就好了。」

大陳連連點頭：「好的，醫生，我聽你的，我要拒絕別人。」

醫生說：「你看看你，剛剛又輕易答應了我。」

趣味點評

大陳之所以抑鬱，就是因為他從不懂拒絕。因為不懂拒絕，即使有些很無理的要求，但因為承諾了，就不得不硬着頭皮去做，在這個過程中麻煩接踵而來，自然就會抑鬱。美國幽默作家比林，針對這個現象提出了「比林定律」。

企業管理者如果不懂拒絕的話，麻煩就會更大。所以如果你是一名管理者，就一定要讀懂這條「比林定律」。

管理學解讀

比林在觀察了很多人的處事方式後，得出了這樣一條定律：人一生中的麻煩，有一半是由於「太快說是」、「太慢說不」造成

的。反觀我們的日常，還真的是這樣。無論是「太快説是」，還是「太慢説不」，歸結起來就是一句話：「不懂拒絕」。不懂拒絕，自然就會引來很多麻煩。

我們經常感歎：承諾難，拒絕更難。因為「拒絕」會牽涉很多問題，諸如你的能力問題、對方的尊嚴問題等。很多人無法拒絕別人的要求，就是因為考慮得太多——「我如果拒絕了，是不是就顯得我沒有能力去做這件事情？」、「我如果拒絕了，他會不會很尷尬？」為了證明自己是有能力的，也或許為了不讓對方尷尬，我們往往不懂拒絕別人。

要學懂拒絕

如果不學會拒絕，就會給生活造成很多困擾，就像幽默故事中的大陳一樣，從不拒絕別人，可是很多事情自己又處理不了，久而久之，就會產生焦慮和抑鬱。如果管理者不懂拒絕，那將比「個人不懂拒絕」有更多的麻煩，因為這將會給工作帶來很多障礙，甚至給整個團隊帶來災難。

艾米是北京一家美容公司的總經理，她手底下缺一名主管。艾米的大姨知道後給她打電話説自己的兒子正待業在家，要她給安排一下。艾米知道自己的這個表弟讀書時愛玩遊戲，工作時又挑三揀四，還不停地換工作，最後竟然辭職回了家。

艾米有心想要拒絕大姨，但她擔心自己説「不」的話，會讓大姨生氣，所以遲遲説不出口。沒想到，幾天後她表弟竟然出現在艾米的公司裏，同時艾米也接到大姨和母親打來的電話，讓她好好關照和培養表弟。這下子艾米更沒法拒絕了，她只得把表弟安排了下來。

艾米知道表弟不具備帶領團隊的能力，就沒有讓他做主管，而是讓他做一個員工。結果艾米的大姨不但把艾米抱怨了一頓，還把艾米的母親也訓斥了一頓。就這樣，表弟給艾米平添了很多麻煩和苦惱。

艾米就是典型的「太慢說不」的案例。身為一個公司的管理者，聘用員工時肯定要選用適合自己公司發展的人；但她因為面對親戚的要求無法說出「不」來，就不得不接受一名完全不利於公司發展的下屬，最後搞到自己非常鬱悶。

在管理團隊的過程中，管理者經常會遇到三種難以拒絕的情況，上面艾米遭遇的是第一種──面對親朋好友想藉職權之光的情況。而另兩種難以拒絕的情況指的就是面對下屬無法拒絕和面對客戶無法拒絕的情況。

小林是公司的部門經理，她和團隊的員工都是二十來歲的年輕人，都喜歡玩遊戲、追星。有一天，她手下的兩個女職員向她請假說去看某歌星的演唱會。她也喜歡這個歌星，於是在她們提出請假的時候馬上就答應了。等兩名員工走後小林才發現，她們還有工作需要趕時間完成，其他人都沒有空，無奈之下，她只好自己晚上加班幫她們完成剩下的工作。

如果小林在答應兩名員工之前，不要那麼快點頭說「是」，而是先把下屬的工作檢查一下，確定不會耽誤到工作進度再答覆下屬，她就不會面臨夜裏加班幫下屬趕工作的狀況。所以，「太快說是」對於一個管理者來說，不是一件好事。俗話說，三思而後行。對於管理者來說，「三思而後回答」才是最妥當的溝通方式。

前面這兩種情況造成的結果還不是太嚴重，可如果面對客戶不懂得如何拒絕，那造成的後果可能會更糟糕。

柯林斯是一家外貿公司的管理者，他的客戶來自各個領域。為了和客戶們搞好關係，他經常請他們吃飯。有一天，客戶告訴他，要購買一批其他公司生產的產品，因為他們不熟悉，所以想請柯林斯幫個忙。

柯林斯不好意思拒絕，只得硬着頭皮幫他們去購買那批產品。為甚麼要硬着頭皮呢？因為他們公司有規定，誰要是銷售公司之外的產品，就要面臨解聘並被訴之以法的風險。過了幾天，柯林斯幫客戶買到了產品，但這個消息也被洩露了出去。最後，

柯林斯不但被解僱，還被告上了法庭。看看，不懂得拒絕會給自己帶來多麼嚴重的後果！

　　管理者一定要學會在適當的時候用適當的語言來和對方溝通，無論對方是親友、還是員工，或是客戶，都需要懂得拒絕的藝術。我們需要精通「拒絕」這門藝術，既不要過於草率地同意對方的要求，也不要猶豫不決地不敢表達自己否定的態度。只有做到這兩點，才能讓自己避免陷入被動的局面。

日常應用

　　我們如果無法拒絕別人提出的無理要求，就有可能陷入非常被動的局面。所以我們要學會説「不」。那麼，我們要在怎樣的狀態下説「不」呢？

1　給自己設立底線

　　首先給自己設立一個底線，並告訴自己堅決不能碰到這個底線。有了這個意識，一旦別人提的要求觸碰到這個底線，你就能心生出拒絕的念頭。

2　學着說「不」

　　對於任何人來説，大聲地説出「不」都是一項技能。可以和家人或是朋友溝通好，請他們協助你練習這項技能。

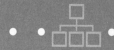

瑪麗法則
新班長學曹參

兒子告訴爸爸，優秀的班長轉學了，自己做了新班長，但卻不知道該怎樣幫老師管理班級。

爸爸問：「前班長很優秀，你就學習他的做法吧！」

兒子回答：「為甚麼？」

爸爸說：「聽說過『規曹隨蕭』的故事嗎？蕭何去世之後，漢惠帝把曹參召回來擔任新相國。因為蕭何已經制定了讓百姓安居樂業的法規，所以曹參整日只是喝酒休息就可以了。」

「噢！我明白了。」兒子說着話，轉身打開爸爸的酒櫃取出一瓶酒來。

爸爸奇怪地問：「你要幹甚麼？」

兒子回答：「我喝酒休息啊！」

趣味點評

兒子做了班長，父親並沒有勸他標新立異，而是讓他學習優秀前班長的做法，這樣就能避免弄巧成拙。兒子馬上去模仿曹參喝酒，這樣的「遵循」充滿單純的童趣，不禁讓人莞爾一笑。但笑過之後，我們又不得不承認父親的建議的確是充滿智慧的一種處事方法。

在企業管理中，這個方法在很多時候也是非常適用的，而且許多著名的管理者都利用這種方法讓公司獲得了穩定發展。管理學中管這種方法叫作「瑪麗法則」。

管理學解讀

「瑪麗法則」是由美國著名企業家瑪麗・凱・阿什提出來的。它的含義是：假如還沒有破，就不要去修它，免得弄巧成拙。瑪麗既是一名企業家，也是一名作家，她把自己的管理經驗都寫進書裏，以供後來者們學習借鑑。在她提出的眾多管理理論中，「瑪麗法則」是流傳最廣的。

「瑪麗法則」之所以用她的名字命名，是因為瑪麗自己本身就是這條法則的踐行者。也正是因為踐行這條法則，使得瑪麗的企業在遭遇分裂的時候化險為夷，並發展成全球型大公司。那麼，瑪麗到底是怎麼做的呢？

瑪麗在寫一本職場男女不平等待遇的書時，掌握到很多創建公司的知識，便萌生了創建瑪麗・凱化妝品公司的念頭。她的公司專門聘用那些同時面臨生活問題和家務負擔困境的上班族母親，並為她們提供自由工作時間的崗位。這家公司很快受到女士們的青睞，公司也迅速召集到大量員工。同時，這些員工又是化妝品的消費者，在她們的努力宣傳下，瑪麗・凱化妝品公司迅速發展壯大。

當時傳統企業都是把員工招錄到企業裏面上班，下班後再各自回家。瑪麗・凱的做法卻獨樹一幟，也瓜分了很多人的「蛋糕」，因此受到了當時傳統企業的一致抨擊。但瑪麗・凱卻不為所動，她一直堅持公司私營制，這樣所有的話語權都掌握在她手裏。

隨著公司發展的壯大，逐漸有了上市的可能，這是瑪麗的一個夢想。但公司要上市就需要滿足一個條件，那就是公司要實行傳統的最優化持股者理論策略。這是瑪麗最不願做的事情，因為這樣一來，就意味著她的話語權會被削弱，甚至被剝奪。一旦那

樣的話，公司的現狀就會被打破。但為了實現自己的夢想，瑪麗還是妥協了，她把公司上了市。

持股的人一多起來，管理公司的分歧也就多了起來。其中有股東質疑公司的推銷方式和用人制度，並要求瑪麗改正這一切。瑪麗告訴他們：「你們以為這種促銷方式有問題，但事實上我們一直按照這種方法做公司才有今天，所以那只是你們的假設而已。在假設沒有變成現實之前，我們不要去修正它，免得弄巧成拙。」但股東們並不聽瑪麗的話，還是執意要求改變促銷方式。瑪麗無奈之下，只好把所有股票都買回來，再度把瑪麗‧凱公司變成私營企業。

瑪麗的做法成就了今天的瑪麗‧凱全球型化妝品公司，而她的這種做法被歸納為「瑪麗法則」。管理者在管理自己的團隊時，也有必要借鑑瑪麗的做法：只要企業發展順利，就不要去打破那種原有的戰略，而是繼續堅定不移地執行下去。

當我們做了新的管理者，如果上一任管理者已經制定了恰當的戰略和規章，也就等於開創了一條非常平坦的路，只要發展順利我們就可以按照這個戰略和規章一直走下去；只有這樣，才能讓企業在管理和戰略中具有一定的穩定性。

不過，嘗試和創新也不是不可以，但一定要在維持現有管理制度穩定的基礎上去做改變，而且要時刻觀察創新的動向；一旦發現問題，就要馬上在權衡各種因素的基礎上合理解決，恢復原有戰略。

日常應用

在帶領團隊的過程中，每個管理者都會面臨產品創新和戰略更新的問題，此時，我們該怎麼做呢？

1 調查用戶，遵循民意而行

如果用戶對產品很滿意，就不要輕易嘗試新的改變，維持現狀以留住用戶的心。

2 創新時保留原型，慢慢過渡

創新也是吸引新用戶的一種方式，在創新的時候，保留原型產品，當作一個過渡。如果創新產品受到所有用戶的喜歡後，再結束原型時代，這才是最妥當的做法。

弗里施定理
米飯有多種

　　餐廳經理對一名新來的服務員非常苛刻，總是讓她難堪。服務員決定辭職，正在這時，來了幾位客人。

　　客人要求點米飯。

　　服務員說：「先生，您要哪一種米飯？」

　　客人奇怪地問：「米飯還有許多種嗎？」

　　服務員大聲回答說：「當然，我們飯店的米飯有熟的，有生的，還有半生不熟的。」

　　客人和其他想要用餐的人聽後，都陸續離開了餐廳……

趣味點評

　　因為經理不公平的對待，引起服務員的極度不滿。在接待客人的過程中，服務員帶着不滿的情緒接待客人，引起客人們不再消費的連鎖反應。沒有員工的滿意，就沒有顧客的滿意。這個故事表現出來的管理學理論就是「弗里施定理」。

管理學解讀

　　「弗里施定理」是由德國慕尼黑企業諮詢顧問弗里施提出來的。這條管理學理論告訴管理者：**想要讓客戶滿意，一定要先把員工的價值體現出來。**

琳達在一家科技公司任主管。有一天,她的一名下屬將自己的企劃書遞給琳達,琳達看了幾眼就把企劃書扔到員工面前,怒斥說:「這份企劃書做得不行,這是人做出來的東西嗎?簡直太糟糕了。如果想幹就好好做,如果不想幹就收拾東西走人!」那名員工憋紅着臉,看得出來,他的自尊心受到了嚴重的傷害。第二天員工就提出了辭職,工作交接也沒做,留下一堆只做了一半的工作,給項目造成了很大麻煩,琳達也因此受到了老闆的指責。

有很多管理者都把自己置於高高在上的位置,認為員工就是為管理者和企業服務的,在他們看來,公司給了員工優厚的薪金和穩定的福利,員工就該為公司提供優質服務,倘若服務不到位,就應該接受上司的批評和教育,甚至訓斥。

這些管理者並沒有意識到這種做法的不妥,就像幽默故事中的餐廳經理以及科技公司主管琳達一樣,在他們的潛意識中,員工所做的工作沒有達到他們的要求,就該接受他們的責備,甚至讓員工下不了台。還有些管理者雖然不至於做到這種地步,但責備和訓斥員工卻是必不可少的。

培養團隊向心力

管理者以為這樣就能讓員工改進自己的工作態度和服務質量,為企業勤懇地工作。事實上,這樣的想法大錯特錯,很少有企業是靠訓斥員工得以發展壯大的。能夠發展壯大的企業都有一個特點,即:團隊向心力。

甚麼是團隊向心力?就是員工熱愛工作,具有使命感。這種使命感會迸發出一種團隊向心力,這種向心力可以驅策大家向同一個方向和目標奮進,最終實現企業的壯大。沃爾瑪公司的發展就完美地體現了這一點。

沃爾瑪公司的管理者山姆‧沃爾頓告訴公司的管理者們,只有讓員工熱愛工作,才能保證他們向用戶提供最優質的服務。讓員工熱愛工作的前提,就是管理者們要為員工服務,而不是高高在上地指使員工。那麼,他們是怎麼做的呢?

在沃爾瑪，無論你是基層員工，還是高層主管，乃至最高管理者沃爾頓，每個人都必須佩戴工牌。而工牌上只有名字，沒有職務，這就給員工們營造出一種公司內部沒有上下級之分的企業文化。相互之間見面直呼其名就行，不需要帶職務稱謂；這樣一來，員工和管理者之間就處於一種平等分工的工作狀態。

正是這種管理方式，讓管理者沒有高高在上的優越感。面對員工的錯誤和缺點，也就能做到心平氣和地指正。而這種態度又能使員工放下「被領導和被指示」的包袱，在一種平等工作的氛圍裏接受批評，並加以改正。久而久之，公司就會凝聚出強大的團隊向心力。當團隊所有人都滿意自己的工作，並盡心盡意地去為用戶提供最優質服務的時候，你會發現，這股力量強大到所向披靡。

日常應用

想要讓員工在工作崗位上盡心盡職地工作，為用戶提供最優質的服務，前提是要讓員工熱愛工作，並在工作崗位上越做越開心。我們可以通過以下技巧來讓員工熱愛工作。

1 增加員工參與感

不定期地舉辦一些趣味活動，讓員工參與活動，並設置相應的獎勵，以鼓勵員工參與活動的積極性。

2 賦予員工使命感

經常對員工進行使命感教育，把使命感和員工的具體工作結合起來，讓員工能夠清晰地接受和認可這份使命感，並最終起到激勵作用。

史崔維茲定理
想和約翰太太看電影

　　布朗克和約翰是一對好朋友，並有共同的朋友圈。但從某一天起，布朗克開始躲着約翰。

　　朋友們問約翰：「你欺負布朗克了嗎？還是惹他生氣了？」

　　約翰無奈地搖頭：「不，我只是借了一筆錢給他。」

　　朋友們很奇怪：「你借錢幫他是好事，為甚麼他還要躲着你呢？」

　　約翰說：「天知道！我只是想和他的太太看一場電影。你們也都知道，布朗克太太是那麼的漂亮迷人。」

趣味點評

　　約翰借錢幫布朗克渡過難關，這本是一件大好事，但他以此提出要和布朗克太太約會，顯然他的動機不純。他幫助布朗克只是為了獲取好處而已，因此算不上幫助。而這恰好印證了管理學中的「史崔維茲定理」——如果你為了獲得好處去幫助他人，那就不算幫助他人。在公司管理中，這樣的情況經常出現。

管理學解讀

　　「史崔維茲定理」是美國社會心理學家史崔維茲在通過觀察和研究人與人之間的相處模式後提出來的。很多人在幫助別人的時候，首先想到的是「我幫助他後我能得到甚麼好處」，一旦沒有得到這份好處，就會失落，並後悔自己施以援手，甚至責怪對方：「我幫助你了，為甚麼你不回報我呢？」

　　在這種心理作用下，「幫助」已經變成一種動機不純的工具，而不是發自內心的真誠。就好比幽默故事中的約翰，他在朋友布朗克面臨經濟危機的時候伸出援手，如果他只是單純地想要幫布朗克渡過難關，布朗克自然對他滿心感激。然而，他借錢的目的是想接近布朗克太太，這不由得讓布朗克懷疑他的動機不純。任何人都會對動機不純的人加以提防，所以布朗克才會躲着約翰，即使他借錢幫布朗克渡過難關，布朗克也不會感激他的。

　　不要以為這只是個體與個體之間才會發生的事情，管理者無論是面對員工，還是面對競爭對手，都會經常面臨這種情況，而且處理起來會更棘手，而且需要更多的智慧。

　　有一位企業家，在企業發展壯大後需要招聘新高尖端人才，他一邊招賢納士，一邊去大學捐助，並提出捐助的學生畢業後可以來他公司上班，為此還專門簽了合同。很多人都誇這位企業家有善心，被捐助的學生也很感激他，畢業後都紛紛到他公司工作。

　　然而，有一部分學生工作一段時間後有了更心儀的去處，但他們之間有合同，不在該企業工作就算違約。這時，被幫助的學生們便反過來質疑企業家的動機，説他並不是想真誠地幫助貧困大學生，只是為企業儲備新鮮血液而已，並因此論證他們之間的合同是否有效。

　　企業家本來是想幫助他們，然而卻落得這樣的下場，很是無奈。他説：「這些學生根本沒有想過，我如果只是為了給公司儲備

新鮮血液，那我完全可以用捐助他們的錢去招聘優秀的人才。」企業家幫助他人的慈善之心是好的，只因為他在這件事情中收穫了人才，所以在別人看來是獲得了好處，因此被懷疑動機不純，他的幫助也就不算是幫助。

這種管理者面對員工時可能會遇到的「史崔維茲定理」現象，很讓人頭疼。但這還不是最難處理的問題，因為這種是能解釋清楚的，只要好好溝通，把自己的初衷講清楚，讓對方看到自己的真誠，就能皆大歡喜。實在解釋不清的話，最壞的結果也就是一拍兩散，對方不知感恩，雙方情誼不復存在而已。

審時度勢，看清對方企圖

管理者在工作過程中，還會遇到一種與競爭對手之間的「史崔維茲定理」現象。這種現象一旦出現在對手之間，就有可能引起損失。這一點，身為管理者一定要警惕。

某科技企業在發展過程中，因為過度擴張，導致資金鏈出現問題，急需融資。這時，一直和這家企業是競爭對手的一家互聯網大企業出現了，企業管理者提出，可以投資給該科技企業，同時把競爭項目也讓給科技企業來做。科技企業的管理者非常高興，企業有了這筆資金就能渡過難關，有了這個項目就能發展壯大，真的是遇到了貴人相助。

然而，科技企業的管理者並沒有高興太久，就心生出了警惕之心，原來互聯網企業的管理者提出，投資了這筆錢，就要把該科技公司收購到自己的旗下。也就是說，該科技企業將不復存在，只是互聯網企業的一個部門而已。在得知真相後，該科技企業的管理者為了保護自己的企業不被吞併，當即拒絕了互聯網企業管理者的投資。

如果你是該科技企業的管理者，你會怎麼做？是毫無戒備地接受互聯網企業的條件，還是因為對方的不純動機而斷然拒絕對方的幫助？面對「史崔維茲定理」現象，這是一個值得管理者深思的問題。

日常應用

在日常管理中，要盡量避免自己陷入「史崔維茲定理」現象中。對此，我們可以這樣做。

1 無條件地幫助他人

當我們幫助他人時，盡可能在對方提出幫助的請求後，再伸出援手。同時，只是無條件提供幫助，不要有任何幫助之外的言論，就能避免動機引人誤會的事情發生。

2 接受幫助時要清楚對方的意圖

每個人、每個團隊都會有遭遇困難的時候，當我們需要接受幫助時，一定要弄清楚對方的意圖，如果對方懷有其他目的，我們就要審時度勢；如果沒有，就可以心懷感恩地接受，並在困難解除後主動回報對方。

奧美原則
顧客是上帝

飯店裏，幾個客人在打架，服務員站在旁邊並未勸阻。經理得知此事非常生氣，質問服務員：「你知道顧客是上帝嗎？」

服務員回答：「當然，經理，正因為他們是上帝，所以我才不敢上前勸阻。」

經理怒斥道：「這是甚麼話？」

服務員說：「上帝是神仙。諸神打架，豈是我等凡人能勸得開的。」

趣味點評

雖然服務員的回答很幽默，但這也說明一個道理：經理和服務員都深諳顧客是上帝的理念。只有把顧客服務好，才能獲得利潤，讓企業有所發展。管理學中的「奧美原則」即是：「服務顧客至上，追求利潤次之。」

管理學解讀

「奧美原則」是美國奧美廣告公司提出來的。遵循這條原則，奧美公司從一個僅有兩名員工的小公司發展成世界上規模最大的傳媒公司之一。即使現在奧美公司已經成為公關、設計、新媒體

等領域的專家，它依然始終堅持這一原則。奧美公司的管理者把這條理論歸納為六個字：顧客就是上帝。

顧客是上帝，就是「服務顧客至上，其次才是追求利潤。」顧客提出的所有要求都要盡力去完成，並力爭達到他的滿意。只有這樣，顧客才會購買我們的產品。顧客消費了，我們的利潤也就隨之而來。

當我們為用戶提供產品時，首先想到的不應該是利潤，而應該是用戶本身。一旦用戶滿意了，消費了，自然就會給我們帶來利潤。縱觀中外企業，有很多都是先討論利潤，然後根據利潤去拉流量。只有為數不多的幾家企業奉行用戶至上的原則，其中，騰訊便是踐行此原則的最大受惠者。

騰訊的管理者馬化騰創建 QQ 的時候，根本沒有想過牟利。他只是想要為網民們打造一個能夠相互交流的平台。很快，QQ 就問世了。QQ 的問世給網民們打造出一個網絡社交世界，即使足不出戶，也能與世界各地的網友們交流，一下子就滿足了網民們最大的需求。

此時騰訊並沒有利潤，雖然 QQ 用戶每天都在成千上萬地增加，但 QQ 軟件的使用始終都是免費的，所以騰訊一分錢的利潤都沒有。到最後，馬化騰的錢都倒進去了，眼看騰訊的資金鏈就要斷裂，無數投資人都關注過這個被無數用戶擁護的產品，但在看到騰訊只專注服務用戶，卻沒有利潤的狀況後，紛紛退卻了。

不過，這種狀況很快就有了改觀。由於網民們都習慣並喜歡上了 QQ 的服務，並願意為它買皮膚、買會員等，沒過多久，財富就像潮水一般從四面八方向騰訊湧來，騰訊很快就躋身世界五百強企業的名單，而馬化騰更是躍居財富榜的榜首。

服務顧客至上，追求利潤次之。馬化騰的管理讓我們看到了「服務顧客與獲得利潤」的因果關係。在市場經濟的驅使下，「把顧客當成上帝來對待」這句話每個人都會說，然而真正落實到行動上的卻少之又少，因為實在是太難了。

網絡上流傳着「甲方爸爸」的話，就是指用戶的要求太刁鑽，怎麼努力服務也達不到他們的要求。比如用戶要求做一個視頻，服務方做好了，但對方卻很不滿意。用戶從很多非專業的角度提出問題，而服務方用非常專業的知識一一解答。但因為用戶不懂分鏡、成片之類的術語，所以也聽不進去服務方的解釋，總之就是一直不滿意。這種情況下，要做到「把顧客當成上帝」真的是非常困難。

但我們應該知道，也正是這種時候是最考驗我們做管理者的能力的時候。無論用戶多麼難以接待，我們的戰略核心始終要以滿足用戶的需求為出發點，要相信只要圍繞用戶的需求服務，總會有達到用戶滿意的那一天。所謂：「精誠所至，金石為開」，就是這個道理。

日常應用

在日常管理工作中遇到刁鑽的用戶時，我們不要發愁，可以嘗試用以下幾個技巧處理。

1 提供超越用戶期待的服務

在項目中首先弄清楚用戶的需求，然後把提供的服務提高到用戶的需求之上，這樣就能讓用戶折服於你的服務，用戶自然就會被吸引，從而成為核心用戶。

2 不要直接說「不」

當用戶不滿意你和你團隊的服務時，或是你和你的團隊無法滿足用戶的需求時，不要直接說「不」，而是委婉地向他推薦能夠滿足他需求的產品服務。當你真誠溝通時，也許用戶會降低自己的要求來選擇你。

費斯諾定理
你有一隻耳朵，兩張嘴巴

蘇格拉底去公園散步時，遇到一位年輕人。年輕人向他滔滔不絕地講述着自己的想法，蘇格拉底耐心地聽着。

一個小時後，年輕人還沒有停下來的意思。蘇格拉底無奈地打斷他說：「年輕人，你應該去看醫生。」

年輕人問：「為甚麼？」

蘇格拉底說：「因為你現在只有一隻耳朵，但卻有兩張嘴巴。」

趣味點評

年輕人只顧自己的傾訴，卻忽略了傾聽者的感受。蘇格拉底詼諧地告訴他，他的話多得一張嘴根本說不完，所以有兩張嘴；而他只顧着自己說話，卻不聽取別人的意見和建議，所以蘇格拉底幽默地說他只有一隻耳朵。

這則故事提醒人們：人之所以有兩隻耳朵和一張嘴巴，是因為要少講多聽。這一點在企業管理中尤其重要。如果管理者懂得這個道理，學會傾聽的藝術，就能解決許多管理中出現的問題。在管理學中，這就是著名的「費斯諾定理」。

管理學解讀

「費斯諾定理」是英國聯合航空公司總裁兼總經理費斯諾提出來的。英國聯合航空公司是全球最大的國際航空客運公司，旗下有眾多員工。身為公司總裁兼總經理，費斯諾每天都要做大量的溝通工作。在工作中，費斯諾發現，手下的很多管理者都愛表現自己，卻不給員工說出自己想法的機會，這就導致工作中出現了不少問題。總結這些問題後，費斯諾提出了「少講多聽」的費斯諾定理。他告誡那些管理者：**傾聽是管理者和員工溝通的基礎，只有真正掌握了「傾聽」這門藝術，才能成為一個合格的管理者。**

2018 年冬天，一家民宿連鎖酒店的老闆，聽說雲南的洱海風景好，開民宿挺賺錢，就去洱海轉了一圈。他發現那邊的風景的確不錯，遊客也多，於是動了去洱海開民宿酒店的念頭。在公司的管理層大會上，他不停地說自己去洱海考察的情況，其中有一位下屬猶豫了很久才說：「老闆，我覺得還是要慎重，因為最近那邊環境治理挺嚴格的……」沒等下屬說完話，他便打斷了下屬的話：「這不用擔心，我去考察過了，根本沒問題。」就這樣，民宿連鎖酒店的老闆完全沒有考慮下屬的意見和建議，便制訂了在洱海擴張新店的計劃。

經過租房、裝修和宣傳，投入幾百萬後，新店熱熱鬧鬧地開張了。因為是連鎖，有客源基礎，所以新店很快就客流如織。老闆非常得意，在公司管理層會議上還把上一次給自己提建議的下屬批評了一頓。

誰知，剛過去一個月，就接到政府公告：為減輕洱海污染負荷，促進洱海水質穩定改善，要對洱海周邊的民宿進行整頓。這個公告意味着剛開張的連鎖民宿要停業，幾百萬的投入因此打了水漂。老闆此時才意識到自己的錯誤，如果他當初聽了那名下屬的建議，也就不會做出這個錯誤決策。

可見，「傾聽」對於管理者來說，有着非常重要的作用。只有

認真對待員工的意見和建議，並認真分析其背後深層次的原因，才能在工作中避開風險，讓企業順利發展。

多聽少說，是一個人成熟的表現，更是一個企業管理者必須具備的品質。但管理工作又要求管理者對員工進行各種指導工作，指導需要清晰表達自己的觀點；需要多說話，因此有人會說，這二者之間很矛盾。

這是一種謬誤。管理者是員工的上司，是項目的決策者，需要具備縱覽全域的能力，他的指導觀點是建立在縱觀全域能力的基礎上。而這份能力從何而來呢？除了平日的知識儲備和經驗積累外，員工的意見和建議具有重要作用。也就是說，管理者在做指導工作之前，先要聽員工的滙報，即在「多講」之前要「多聽」。

日常應用

在工作中，許多管理者更傾向於傾訴，經常出現打斷別人說話的情況。為了避免這種情況發生，我們可以這樣做。

1 慢一點再說，會更完美

和其他人交流時，先要認真聆聽他人的觀點。當我們忍不住想要表達自己的想法時，可以在心裏暗暗告誡自己：慢一點，等對方把話說完，在此基礎上表達的觀點會更完美。

2 認真傾聽，是一種素養

要在自己心中樹立一種觀念：認真傾聽別人的話，是一種素養的表現。當這個觀念根植於心底，每當想要打斷他人的話時，心裏就會生出警示：這是一件很沒有素養的事情，你確定自己要做一個沒有素養的人嗎？只要這樣想，你就會馬上停止打斷他人的念頭。

古德曼定理
保持沉默

　　一位飛行部隊的中校，來到調任後的新部隊，他在第一次給士兵們訓話時，士兵們剛要張嘴，他就嚴重警告士兵們保持沉默，然後開始訓話：

「你們喜歡射擊嗎？」

士兵們不說話，只是齊齊點頭。

「好，」中校又問，「你們喜歡跳傘嗎？」

士兵們又整齊地點頭。

「很好，」中校再問，「你們都喜歡開飛機嗎？」

士兵們繼續整齊地點頭。

「非常好，」中校說，「下午我們練習飛行課。」

只聽士兵們齊聲高喊：「中校先生，請原諒我們無法繼續保持沉默，因為我們是陸軍部隊。」

趣味點評

　　中校要求士兵們保持沉默，其目的是讓士兵們學會傾聽，但他自己卻沒有做到這一點，從而鬧出了笑話；對着陸軍部隊說訓練飛行部隊的話，而士兵們的回答對他來說是一個莫大的諷刺。

中校的尷尬告訴我們：**只有善於傾聽的人，才是一個懂得溝通的人。傾聽需要沉默，沒有沉默就沒有溝通。**基於這一點，美國加州大學的心理學教授古德曼提出了「古德曼定理」。作為一名管理者，只有懂得這個定理並運用到位，才能和下屬及客戶進行有效的溝通。

管理學解讀

在我們和客戶談工作的過程中，經常會遇到這樣的情況：一方講得天花亂墜，但當對方想要發言時，都被他制止。等他表達完畢，對方卻已經沒有了表達的慾望，只是聳聳肩搖搖頭，然後客套幾句離開，合作自然就無從談起。這種有強烈表達慾望，不懂得沉默與傾聽的管理者，最後必然會以失敗告終。

沒有沉默，就沒有溝通

但如果是擅於用沉默來進行溝通的管理者，就會是另一種景象。

需要注意的是，在「古德曼定理」中說的「沒有沉默，就沒有溝通。」這句中的「沉默」並不是指「縱容放任」或「不干涉」，而是讓對方有準確表達自己思想的時間，同時也是給自己理解和思考的時間。

很多管理者因為不夠「沉默」而在管理上出現重大失誤，這種情況經常會出現。

陳經理是某家房地產公司的銷售部主管，在房價居高不下的情況下，房屋銷售工作越來越難做。總經理告訴他，銷售業績如果還不達標的話就要辭退他，陳經理為此焦頭爛額。

這天，陳經理把所有員工都安排出去發傳單，自己一個人在售樓大廳長吁短歎。這時走進來一個看似土裏土氣的中年男子。那中年人一進門就對陳經理說：「我想要買房子，但是房價太高了，沒錢真是買不起……」陳經理沒等他把話說完就打斷他說：「沒錢上這裏幹甚麼來？去去去，別來這兒搗亂，我們的房子不賣給你。」中年男子還想說話，陳經理卻已經毫不客氣地將他趕了出去。

沒有傾聽，就沒有溝通

下午，陳經理就接到上司讓他離職的電話。原來，那個中年人和他們上司認識，他是一家餐飲連鎖店的老闆，很有錢，本來是要來買五套房子的，但陳經理自始至終都沒有安靜地聽對方表達自己的想法，就自以為是地把人家攆走了。那個中年人回去後和陳經理的上司通了電話，於是上司很氣憤地對陳經理說：「你找不到生意也就算了，我幫你找來生意還被你趕走了！」陳經理就這樣丟了工作。

如果陳經理能夠安靜地聽中年人說清來意，那麼結局就會完全不一樣；他不但能夠完成部門銷售業績，還能受到上司的誇讚，而中年人的人脈圈又會給他帶來更多的客戶。但他不願意「沉默」，也失去與客戶建立起良好的溝通的機會，管理工作因此出了大錯。

日常應用

　　在日常管理工作中，為了和用戶或下屬建立起良好的溝通，一定不要自以為是，要給對方時間陳述自己的想法。如果你是一個總愛打斷別人說話的管理者，那你就要注意這幾點。

1 顧及他人感受，不要搶話

　　當別人在說話的時候，一定要耐心傾聽，千萬不要急於表達自己的看法而貿然打斷別人的講話，那樣你就無法了解別人的思想，也就無法與對方進行有效溝通。

2 克制脾氣，讓浮躁的心安靜

　　我們經常會因為脾氣急躁，而去打斷別人的講話。脾氣急躁通常是因為心態浮躁，把心安定下來，脾氣自然得到緩和，所以脾氣急躁的管理者平時要注意修身養性。

歐弗斯托原則
決定説「不」

五歲的女兒要去遊樂園，父親則要帶她回家。

女兒很生父親的氣，説：「今天你無論説甚麼，我都決定回答『不』！」

父親想了想説：「你不介意跟我走吧？」

女兒：「不！」

父親：「你不反對我們回家吧？」

女兒：「不！」

父親：「真是我的乖女兒！走，我們回家！」

趣味點評

女兒在自己願望沒有得到滿足的情況下，對父親產生了排斥心理。聰明的父親則利用「歐弗斯托原則」巧妙地讓女兒一直不反對自己的建議，最終成功地説服女兒跟自己回家。「歐弗斯托原則」就是「開頭就讓他不反對，這實在是一件最好不過的事情。」

「歐弗斯托原則」是英國著名心理學家 E.S. 歐弗斯托提出來的一條理論。這本來是歐弗斯托在長期工作中，針對個體心理總結出來的經驗，但因為企業的管理就是對人的管理，所以這條理論同樣適用於管理工作。

和其他管理學理論略有不同，「歐弗斯托原則」讀起來稍有一些拗口。「說服一個人的時候，開頭就讓他不反對。」這句話的意思其實就是，想要讓一個人不反對我們的觀點，就要先讓對方不反感我們。

很多管理者並不懂這一點，當員工出現錯誤時，總是當面指責員工，這樣反而會讓對方產生強烈的抵抗情緒，輕則影響員工的工作效率，重則有可能激起員工的逆反心理，把工作往壞裏做，導致項目受到影響。

一家互聯網科技公司接到一個項目，要求在三天內完成產品研發，所有工作人員都加班。但第二天是週六，員工小 A 沒有來。等到中午，主管在公司的工作群裏發了一條點名批評這個員工的訊息：「小 A，今天我已經等了你一天，全公司都在加班，你卻安安心心在睡覺，太不應該了。」

主管這樣做或許是出於「殺雞儆猴」的心理，但他卻完全沒有考慮到小 A 的心情。在工作群裏指責自己，相當於當着公司所有同事的面指責自己，小 A 下不來台，心生抵觸情緒，他當即回覆說：「昨天沒有人告訴我要加班。如果有人告訴，我自然會去。沒有人和我說，那我自然要歇週末的。我不是機器人，無法做到 24 小時待機，所以您另請高明吧！」

主管本是想說服小 A 快回去加班，但卻適得其反，激起小 A 的抵觸情緒，結果把員工逼走了，臨時找人又不現實，如此一來，主管反而讓自己陷入一個更艱難的境地；如果他換一種說話方式，結果也許會完全不同。

他完全可以和小 A 這樣說：「今天週末本應該讓大家去休息，但項目追得太緊，實在是沒辦法。為了我們團隊的發展，小 A 快回來加班喲！」如果換成這樣的説辭，小 A 會馬上趕回公司的，因為這樣的説辭首先是對佔用員工的休息時間表示抱歉，這會讓員工產生集體榮譽感和凝聚力，自然就會換來員工的理解和支持。

當員工犯錯的時候，管理者一定要注意措辭，千萬不要傷及他的尊嚴，最好是巧妙地暗示員工的錯誤，這樣就不會招來員工的抵觸情緒，從而達到成功説服員工的目的。

管理是對人的管理，管理者在工作中做得最多的事情，是要説服別人。尤其是現在的公司經常要融資，這關係着企業的發展存亡；所以怎樣説服投資方，是一件非常重要的事情。

大家都知道軟銀公司的孫正義投資馬雲的阿里巴巴 2000 萬美元的事情，卻很少有人知道馬雲是怎樣説服孫正義的。在去見面之前，馬雲對他做了清晰的了解，知道他對真誠的、有夢想激情的人有好感，為了讓孫正義不反對投資給阿里巴巴，馬雲採取了先不讓他反感的做法。於是他用六分鐘向孫正義展示了自己的真誠，以及自己對阿里巴巴未來發展的構想和信心。

孫正義同意了馬雲的想法，投資給阿里巴巴。

身為管理者，職場時時刻刻都在考驗你的溝通能力，你能説服怎樣的人，你就能做成怎樣的事情。

日常應用

怎樣説服員工聽從我們的安排和調度，是一項考驗管理者溝通能力的工作。這裏分享幾個技巧，只要掌握並靈活運用，就不難説服一個人。

1 避免反感和抵觸情緒

我們和員工溝通時，一定要考慮到他們的心理承受能力，並選擇恰當的表達方式，不要讓他們對你的話語產生反感，一旦員工產生反感，就容易抵觸，有了抵觸情緒，就不會認真對待工作。

2 引導式提問找到交集點

想要説服員工，首先要在同一件事情上與員工有共同想法，這樣就很容易達成共識，達成共識是説服對方的基礎。想要知道與對方的想法是否一致，可以採用誘導方式，通過一些引導性問題讓對方説出他的想法。

第 **6** 章

決策篇

認清管理對象，直面世界真相

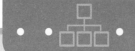

福克蘭定律
一點都聽不懂

　　美國海軍軍艦在日本港口停靠，士兵們上岸去購買日用品。美軍高大挺拔的身姿很快就吸引了無數日本女孩的目光，有些大膽的甚至上前和他們擁抱。

　　士兵漢尼被一個日本姑娘抱了很久，他卻一直都沒有拒絕。回到軍艦上後，漢尼被長官關了禁閉。

　　長官說：「你身為一名美國士兵，卻在大庭廣眾之下和一個日本姑娘抱在一起那麼久，有損我們軍隊的威嚴，該關。」

　　漢尼委屈地說：「長官，姑娘說的是日語，我一點都聽不懂，所以不知道該怎麼辦啊！」

趣味點評

　　日本姑娘擁抱了漢尼，但她說的是日本話，漢尼聽不懂，就不知道該怎麼辦。在不知做怎樣的決定時，他選擇完全不做決定，這樣既不會傷害姑娘的自尊，也不會讓自己出醜。雖然受到長官的批評，但不得不承認，漢尼這是最正確的做法。

　　在公司管理中，也會遇到很多事先無法預料的狀況，如果在手忙腳亂中做出倉促的錯誤決定，反而不如不做決定。管理學家們就此提出一條管理學理論：當你不知道該如何決定的時候，有必要按兵不動，這就是著名的「福克蘭定律」。

管理學解讀

「福克蘭定律」是法國管理學家福克蘭提出來的，這條理論告訴我們：**當我們不知道該怎樣行動，無法辨別是機會還是陷阱時，最好的決策就是不做決策。**當管理者面對某一個項目不知道該怎樣行動，說明對該項目的相關知識了解得不夠翔實，在這種情況下魯莽行事，只會釀成大錯。

MaJoy 公司的管理者茅侃侃，在經歷了 MaJoy 公司連年虧損後，陷入焦慮和抑鬱的狀態。他把自己完全置於一個封閉的狀態，對外界的各種訊息不再敏銳，也不知道接下來該怎麼走。就在這時，萬家文化公司提出要和茅侃侃合作。處於彷徨中的茅侃侃當即做出一個倉促的決定：與萬家文化成立合資公司萬家電競，並出任 CEO。

可在他上任後才發現，電競行業發展迅猛，而這幾年一直處於負面情緒中的他根本不知道市場的風雲變幻和風險，導致萬家電競從成立那天起就處於虧損狀態；一年半後，公司負債約 4800 萬。茅侃侃頂不住如此大的壓力，最終選擇了自殺。

倘若茅侃侃在做出擔任萬家電競的 CEO 之前，對電競行業做一個細緻的了解，就能清楚了解是機會還是陷阱，也就能清楚自己該做怎樣的決策。如果不是急於成立萬家電競，他後來也不至於負債過重而崩潰自殺。

按兵不動，靜觀其變

企業身在資本市場中，猶如小舟行進在大海上，處處都暗礁湧動，身為企業的管理者，也就是小舟的掌舵人，如果對密佈的陷阱毫無察覺，就貿然做出前行的決定，則有可能在資本市場這片汪洋大海裏翻沉，就像茅侃侃那樣。但如果像幽默故事中的「漢尼」那樣不做決定，靜觀其變，就不會弄出亂子來。

按兵不動，不是讓你一直不做決策，而是暫時騰出時間來讓你去更充分地做準備工作，為最終做出正確的決策奠定基礎。

互聯網時代，訊息不但大爆炸，而且還共享，時機稍縱即逝。管理者想要抓住機會，就要迅速了解市場走向，才能不錯失機會。

區塊鏈技術早在幾年前就在科技領域有所發展，但身為文化領頭羊的出版社的管理者卻一直不敢出版有關這項技術的科普圖書。之所以按兵不動，是因為這項技術從發展那天起就和虛擬貨幣有牽連，並且全世界的國家政策都沒有把區塊鏈技術提到檯面上來講，所以出版社也不能貿然去做這個宣傳。

直到 2019 年 10 月下旬，政府給區塊鏈正了名，說此技術是好東西，要正視它並把它落在實處，出版社管理者一下子就明確了方向；於是，馬上尋找相關專業技術人士寫書科普於大眾。出版社管理者的這個決策，就是暫時按兵不動，只等方向明確，此時做出的決策才能保證正確性。

由此可見，管理者想要做出一個正確決策，在尚不知如何行動前先不要急於做出決定，而是要等到方向明確後再做出決策。

日常應用

怎樣才能確保做出決定前的這個「暫時過渡」的時間更短一些呢？其實並不難，在這裏給大家介紹幾種方法。

1 號召下屬提供方案

無論管理者考慮得多麼周到，也總有百密一疏的時候；但如果集眾家之長，就不會有疏漏。所以在做決策前，號召下屬參與進來，提供多種方案。你要做的就是把這些方案融會貫通，加以提煉，最終做出最恰當的決策。

2 多搜集相關訊息

互聯網時代，訊息呈大爆炸式迸發。在這些訊息中尋找你要做決策的相關項目的資料，並去分析和積累足夠多的運作經驗，就能做出正確的決策。

王安論斷
阿凡提的毛驢餓死了

　　據説阿凡提的毛驢跟着阿凡提以後，也變得愛思考起來，號稱世上最聰明的毛驢。

　　有一次，阿凡提決定考一考自己的毛驢聰明到甚麼程度，於是給毛驢買了兩份草料，一份鮮嫩，一份美味。

　　阿凡提把兩份草料同時擺在毛驢面前，毛驢卻犯了愁：「先吃左邊的，可右邊的看起來更鮮嫩；先吃右邊的，可左邊的看起來更美味。我究竟該先吃哪一堆草料好呢？」

　　阿凡提説：「當然是選一份你最愛吃的先吃，你這頭蠢驢！」

　　毛驢説：「主人啊，它們我都愛吃，所以不知道該先選哪份吃好呢？」

　　在猶豫不決中，號稱最聰明的毛驢就這樣被活活餓死了。

趣味點評

　　毛驢因思慮太多，導致做事優柔寡斷，它糾結於先吃哪份，無法做出決策。猶豫不決固然讓毛驢免去了錯失吃更鮮美草料的可能，但也讓它失去了活下去的機會。

　　這種「猶豫不決固然可以免去一些做錯事的機會，但也會失去成功的機遇」，在管理學中稱之為「王安論斷」。

　　寡斷能使好事變壞，果斷可轉危為安。這是美籍華裔企業家王安博士提出來的理論，因此叫「王安論斷」。

　　王安之所以得出這個論斷，源於他的親身經歷。王安小時候，有一天路過一棵大樹時，樹上的鳥巢突然掉下來滾落在他面前的地上。從鳥巢裏滾出一隻小麻雀，小麻雀剛被孵出來不久，尚不能飛，非常可愛。王安很喜歡牠，決定把牠帶回去餵養。

　　但王安的媽媽卻不允許他在屋裏養小動物。王安把小麻雀放在門外，然後獨自進屋去請求媽媽允許他飼養那隻小麻雀。在他的苦苦哀求下，媽媽終於答應了他，但王安走到門外卻發現小麻雀已經被一隻野貓吃掉了。

　　這件事情給王安留下深刻的印象，他甚至把此事看作自己一生中最大的教訓。通過這個教訓，他得出一個結論：**「猶豫不決固然可以免去一些做錯事的機會，但也會失去成功的機遇。」**這是因為猶豫不決會阻止一個人形成堅決果斷的行為習慣。沒有這個習慣，遇到事情就會搖擺不定，在行動上就會產生不必要的躊躇和疑慮，它會消耗你的精力。長此以往，就會使你喪失一切原有的主張。一個喪失自己主張的管理者，永遠逃脫不了失敗的命運。反之，則會成功。

　　對於管理者而言，1992 年那場金融風暴並不陌生。當時，人們都在搶購英鎊，導致世界各地的貨幣市場出現混亂。金融投資家喬治・索羅斯一直冷靜地觀察着這場風暴。當搶購狂潮達到高峰時，他的同事説：「雖然英鎊價格下跌的時間到了，但依然存在風險，所以第一注不要下得太大。」索羅斯否定了同事的遲疑，他説：「現在是下大注的時候了，我們自始至終都清楚這場風暴的走向，所以這點自信我們要有。」他果斷下令全力出擊，最終在這場風暴中賺了十六億美金。

　　如果索羅斯聽了同事的話，遲疑不決，那麼他的公司是不可能在這場金融風暴中勝出的。作為公司的管理者，他在形勢突變的情況下，當機立斷，做出正確的決策，才最終獲得成功。如果阿凡提的那頭毛驢能夠像索羅斯一樣果斷地下決定，那它就不會餓死。由此可見，堅決果斷多麼重要。

　　無論是在人生旅途中，還是在商海職場上，能夠生存或克服困難的人，都具有堅決果斷的性格。堅決果斷能幫我們克服不必要的顧慮，令我們勇往直前。而那些左顧右盼的人反而因為顧慮重重而變得茫無頭緒，無法沿明確的思想軌道去深思熟慮，當然也就無法做出果斷決策，成功也就無從談起。

日常應用

　　管理者想要把「王安論斷」準確有效地運用到管理中，就要做到以下三點。

1 學習辨認機會

　　機會是通往成功的路，只有懂得辨認機會，才有希望走向成功。

2 練就果敢性格

　　機會稍縱即逝，一旦錯失就可能再不會來。要抓住機會，就要練就果斷的性格，才能做出敢拼敢賭的決策。

3 準確分析形勢

　　敢拼敢賭，不是茫然去拼去賭，而是建立在對全域形勢的充分估計和正確分析的基礎之上的。只有掌握了準確分析形勢的本領，才清楚該不該去冒險，該不該下決斷。

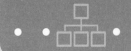

猴子 - 大象法則
不是好騎手

　　一位舉重運動員騎單車去旅行，旅途中走進一家餐廳，他點了食物後在餐桌邊坐下來。

　　這時，又來了四個騎摩托車的小夥子。他們把摩托車停在單車四周，然後走進餐廳，搶走了運動員所有的食物。

　　運動員甚麼話都沒有說，付完錢就走了。

　　四個小夥子吃完東西，發現餐廳裏所有人都在看他們，而且紛紛議論着：「他們不像好人。」

　　這時，有人笑着說：「那個剛走出去的人也不像是好人。你們看，他為了取出單車，竟然把四輛摩托車都扔進了臭水溝裏。」

趣味點評

　　雖然運動員的身體質素比普通人強，但一個人和四個人比，還是勢單力薄，要爭吵打鬥起來的話，運動員根本沒有勝算的機會。但運動員卻利用自己的聰明機智進行了直接有效的還擊。運動員所利用的就是管理學中「以小勝大、以弱勝強」的「猴子 - 大象法則」。

管理學解讀

「猴子－大象法則」是波士頓戰略諮詢公司提出來的，該公司由亨德森設立，專門為企業管理者出謀劃策。亨德森剛成立諮詢公司不久，公司還只有他一個人時，就接到一家小企業的單子。這家企業正和一家大型企業爭奪一個項目，對於這家小企業來說，該項目決定着企業的生死存亡，因此這家小企業想到花大錢聘請顧問為自己策劃競爭戰略。

亨德森接到這個單子後，每天都在思索怎樣為該企業策劃，才能戰勝實力強大的對手，但始終不得其法，為此他心裏很是苦悶。有一天，他去叢林遊玩，看到一隻猴子和一頭成年大象正對峙。大象身形龐大，一腳下去就能把猴子踩死。亨德森很擔心猴子的安危，但也沒有甚麼好辦法，誰也不敢上前去救助猴子，要知道大象發起怒來可不是鬧着玩的。就在這時，一群猴子趕來，猴子們圍在大象周圍，不停地騷擾牠，猴子身手敏捷，數量又多，大象顧此失彼，無法抵擋騷擾，連連受挫，最後不得不悻悻而去。

這一幕，激起了亨德森的策劃靈感：只要小企業採用靈活敏捷的戰略，就能擊敗大企業，從而獲得項目。亨德森以此為方向為這家小企業量身定做了戰略規劃，這家企業果然擊敗對手拿到了項目。後來，亨德森的諮詢公司把這條管理學理論定名為「猴子 - 大象法則」。

亨德森對「猴子 - 大象法則」做出了如下詮釋：商業世界有大大小小的企業，猶如叢林中的大小猛獸，初創企業是猴子，巨頭企業是大象，巨頭企業（大象）可以輕易踩死初創企業（猴子），但初創企業（猴子）也可以不斷地騷擾巨頭企業（大象），而不只是束手就擒。

事實上，亨德森的諮詢公司也正是採用這個法則而發展壯大的。1963 年，波士頓平安儲蓄信託公司的首席執行官給亨德森下

了一道指令，讓他建立一支為銀行提供諮詢的團隊，亨德森於是創建了波士頓諮詢公司。

以小勝大，以弱勝強

雖然亨德森在商場摸爬滾打多年，有着豐富的管理經驗，但與同時期最著名的麥肯錫諮詢公司相比，僅有亨德森一個管理者的波士頓諮詢公司簡直小得不堪一提。如果説麥肯錫諮詢公司是大象，那麼波士頓諮詢公司就是一隻剛剛出生的猴子，想要和麥肯錫諮詢公司分羹，對波士頓諮詢公司而言，簡直是在做夢。

可是亨德森並沒有被巨頭的龐大嚇倒，他把公司定位為企業的智力中心，以改變企業一貫主張的「以擴張為競爭核心」的戰略看法，而麥肯錫公司當時最擅長的就是主張「擴張、憑經驗前行」。亨德森的主張和麥肯錫的主張恰好相反，麥肯錫公司起初並不把他放在眼裏，外界也不看好亨德森，覺得他的反其道而行，必定要失敗。

但很快企業管理者們就發現，亨德森的戰略觀點完全符合時代的發展，這些企業也就陸陸續續地尋求亨德森的戰略諮詢，而很多企業都是麥肯錫公司的客戶，他們的倒戈讓麥肯錫公司很是苦惱，看着波士頓諮詢公司在亨德森的率領下日益壯大，並逐漸搶去他們的業務，但他們卻毫無辦法。

後來的發展大家都有目共睹：波士頓諮詢公司在亨德森的管理下，從一個一人公司發展成擁有三四千員工的全球型戰略諮詢公司，與麥肯錫諮詢公司成為戰略諮詢領域共同的霸主。而這一切，正是當初亨德森採用「猴子 - 大象法則」的結果。

在叢林中，參天巨樹只有幾棵；在商海裏，巨頭企業只有幾家。小企業和初創企業佔多數，更多的管理者都扮演「猴子」的角色。這時，我們一定要巧用這條理論去與對手周旋和競爭，就像亨德森和幽默故事中的「舉重運動員」一樣，雖然實力上無法與對手抗衡，但只要巧用妙計，往往能夠以弱勝強，贏得勝利。

日常應用

　　當我們與比我們強大的對手狹路相逢時，如何去做，才能與他們對抗，並贏得最終勝利呢？

1　靈活變通，給用戶獨特的好處

　　小企業的優勢，就是靈活變通能力比大企業強。當小企業和巨頭競爭同一批用戶時，管理者可利用自己的優勢，制定出大企業無法給予用戶的好處，這樣就能吸引用戶，打敗強大的對手。

2　挖掘自身特長，讓用戶覺得你無可替代

　　小企業與大企業在競爭時，資金上處於劣勢，但管理者可以深入挖掘和培養自己獨有的特長，讓用戶在選擇的時候，認為你無法替代，那麼用戶自然就會選擇你。

吉格勒定理
得吃五十年

　　有個青年人夢想成為幽默大師，他給馬克‧吐溫寫信，請求做他的徒弟。

　　馬克‧吐溫告訴他：「要做幽默大師，需要積累快樂元素。」

　　青年人回信問道：「聽說巧克力的苯乙胺和鎂元素能夠使人快樂，看來要成為一個幽默大師，是需要吃很多巧克力吧？但不知道究竟要吃多少呢？」

　　馬克‧吐溫風趣地回答：「看來，你得吃五十年才行。」

趣味點評

　　青年人想要當幽默大師，這個目標設立得非常高。有了這個目標，他就有了動力。但想要實現這個目標，他需要有一個優秀的老師。青年人深諳「起點高才能至高」的道理，所以要拜馬克‧吐溫為師。如果拜師成功，他就離自己的目標又近了一大步。美國行為學家 J. 吉格勒根據這種現象，提出了「設定一個高目標，就等於達到了目標的一部分」的「吉格勒定理」。

管理學解讀

每一個人從具有思考能力起，心中就會萌生出一個又一個的夢想，這些夢想就是我們目標規劃的開始。後來隨着成長，很多人的夢想卻都流於歲月的長河，沒有了目標，生活也就隨波逐流。但總有一部分人在實現夢想的過程中，首先給自己設定了一個很高的目標，並且為了這個目標持續不斷地付出努力，最後成功的人，必然是這一部分人。這就是「吉格勒定理」想要告訴人們的管理學經驗。

設定一個高目標對個人發展很重要，對管理者更是尤為重要。縱觀古今中外那些成功的管理者，無不是設定了一個高遠的目標，哪怕身處低谷，也不會動搖。

但只是有高的目標還不行，還要有一個高起點，才能更快地達成目標。為甚麼這樣説？因為要想起點高，就要求你的實力比起點低的人要強，為此，你就會逼自己去增強實力。

比如，你想要做大學教授，本科學歷肯定無法幫你實現這個夢想，你就需要考博士。只有你的學歷是博士，才能達成「大學教授」這個目標。於是，為了站在這個高起點上，你必須自律去考博士。在這個過程中，你的實力就已經比其他本科學生要強很多了。

不僅個體想要達成目標，需要一個高起點。身為企業管理者，想要達成目標，讓自己的每一個決策能夠有效實現，同樣需要設立一個高起點。

提高起點，走向成功

攜程網的創始人梁建章，在創辦攜程網之前一直在美國的ORACLE（甲骨文）公司工作。有一次，梁建章回國探親，國內悄然興起的互聯網，使他萌生了創辦公司的夢想。此時他在甲骨文公司研發部擔任技術工作，研發部門的地位和待遇都很好，但

對於創辦公司需要的管理經驗，他卻是一片空白。此時，他要創業的話，管理經驗上可以說是零起點。

梁建章清楚地知道，只有在積累豐富管理經驗的基礎上，才能辦好一家企業。於是他向總部提出調職申請，他申請從研發部門轉到客戶服務部門，也就是從技術轉型到管理，於是很快他就出任 ORACLE 中國區諮詢總監。

在這個職位上，梁建章有機會參與多家大型企業管理系統的建設，並在此過程中積極觀察和思考，總結出了很多管理經驗。兩年過去了，梁建章把中國區的管理工作做得非常好，他也積累了豐富的管理經驗。此時的他已經站在一個很高的起點上，如果繼續做下去，他會把 ORACLE 中國區發展得更大，而如果去創業，他也完全可以駕馭一個公司，因為他的管理能力已經幫他實現了目標的一部分。

梁建章最終選擇了創業，他創辦了攜程旅行網。因為之前他已為創業做好了充分準備，所以攜程網從創建那一天起，就一直蓬勃發展着。一般初創企業總會出現的一些錯誤的現象，在攜程公司卻從未出現。梁建章說：「如果直接回來可能會犯錯。」因為起點低，既無經驗也無能力，所以錯誤在所難免。但由於通過積累有了管理經驗，起點高了，自然就能避免很多錯誤，從而順利地實現目標。

梁建章的成功再次證明「吉格勒定理」是正確的——起點高才能至高！由此證明，幽默故事中那個青年人尋找名師的思路是對的。但那個青年人犯了一個錯，他以為起點建立在外部因素上，以為找到了一位幽默大師，自己就能成為幽默大師。站在巨人的肩膀上能夠看得更遠是沒錯的，但前提是一定要有能夠站在巨人肩膀上的能力。那個青年人腹內空空無半點墨，甚至分不清幽默是出自思想的輸出，還是出自肉體的體驗，即使幽默大師想要教他，也無從教起。

可見，想要獲得成功，首先，要有一個高遠的目標；其次，還要有一個高的起點。這世上沒有註定成功的人，都是那些設定

了偉大目標，並努力提高自己起點的人，才會走向成功。最後，還要有真才實學，只有具備這三個條件，你才能將夢想變為現實。

日常應用

高遠的目標很重要，高起點也很重要。那麼，怎麼樣才能設定出高遠的目標，又怎樣做到從高起點出發呢？

1 理性判斷

想要設定一個正確的目標，理性很關鍵。在設定目標前，詳細了解所要進入的領域，才能做到心中有數；只有心中有數，才能做出理性判斷。

2 立足高遠

規劃目標時，一定要縱覽全域；只有這樣，才能擁有與眾不同的眼界，從而立足高遠，制訂出一個高遠的目標。

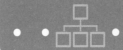

冒進現象
如果早知道

阿德勒一直在尋找愛情。在 27 歲那年，他愛上來自俄國的美麗姑娘蒂諾加瓦娜，並深信她就是能帶給他幸福生活的人。儘管女孩特立獨行的個性讓他有點苦惱，但最終他們還是舉行了婚禮。

朋友寫信問他婚後生活怎麼樣。

阿德勒幽默地回覆：「我感覺自己白白浪費了 27 年的時光。如果早知道婚姻生活如此，那我在牙牙學語的時候就會結婚，而不是把時間都荒廢在不停地尋找知心愛人身上。」

趣味點評

顯而易見，一直尋求愛情的阿德勒婚後生活並不快樂，所以他打趣與其這樣還不如早點結婚。拋開幽默詼諧不說，阿德勒這種完全不顧人類自身特性的想法，是非常冒進的。

在管理學中，「冒進」指的就是在超過具體條件和實際情況的可能性下，把工作開始得過早的現象。在企業管理決策中，經常出現這種工作進行得過早或過遲的現象，管理學家稱之為「冒進現象」。

管理學解讀

在這個節奏加快的時代，生活中無處不充斥着冒進現象。比如，平日裏大吃大喝，身體發胖，一旦發誓要減肥，就恨不得一天就把肥肉甩掉，於是拼命節食，完全不顧身體機能的承受能力；大學生們在學校不好好學習，每天除了打遊戲就是煲劇，一旦要考試，為了不「肥佬」，趕緊晝夜不眠地惡補，完全忽略知識是需要日積月累的；公司日常管理中不善待員工，等到項目催得緊，要員工們加班，完全不顧員工們的抱怨情緒⋯⋯這些都屬冒進行為。

冒進行為的含義是：忽略實際情況，在不具備條件的情況下盲目加快工作。像過度節食減肥，就是忽略了肥胖的實際情況而採取的一種冒進行為。肥胖有多種原因，有的是長期的飲食無節制，有的是長期缺乏運動，應根據實際情況做出合理的減肥計劃，而不是一刀切，用斷絕攝入必需食物的方式以期達到快速減肥的目標，像這種忽略實際情況的冒進行為是註定要失敗的。

在個人生活中，冒進行為尚不可取，在管理工作中，冒進行為更是要不得，它往往會造成適得其反的結果。

經常有一些企業管理者在制定決策時出現冒進行為，而盲目的冒進不但未能給企業帶來發展，反而會引來滅頂之災，比如樂視、ofo等。這些公司的管理者急於把公司這塊餅攤大，完全忽略了公司發展的規律，拼命融資、拼命擴張，盲目冒進，造成資金鏈斷裂，最後使公司陷入萬劫不復之地。

這些慘痛的案例告訴我們：在管理工作中，一定要謹慎行事，千萬不能盲目冒進，一旦有了冒進行為就要馬上制止，如果不加以制止，就會給我們的工作帶來惡果。

那麼，是不是「冒進」就一定不好呢？在瞬息萬變的互聯網時代，如果不冒進一點，不大膽一點，機會會不會就被其他人搶走了呢？事實的確如此，那些搶到機會的人都是看起來冒進的人，

但他們這種「冒進行為」的背後，是大膽，更是心細。也就是說，細心謹慎、三思而後行的「冒進行為」是可取的。

濰柴公司總書記譚旭光，是公司管理層一把手，他接任濰柴管理者職位時，濰柴正處於瀕臨破產的邊緣，債務高達 3.6 億元，連續六個月沒有發工資，實際情況很糟糕。譚旭光意識到，必須要做出冒進行為大膽改革公司，才能挽救公司，但他的「冒進行為」並不是盲目地做出決策。

他首先做出修改管理層的決策，大刀闊斧地把在其位不謀其職的主管們全部辭掉，任命有工作熱情且有管理才能的新人。隨後他又大膽進行了產權改革，將高速業務和中速業務剝離，讓它們向各自領域深耕。

動管理層就意味著要動很多人的蛋糕；分離公司業務，就意味著公司有可能分裂。譚旭光這種做法頗有破釜沉舟的意味，實屬危險的冒進行為。隨後他收購湘火炬，更是讓人看到了他的冒進行為。

2005 年，湘火炬被拍賣，有人出 6 億，有人出 8 億，譚旭光給出了 10 億元的收購價格。報價一出，引起轟動，很多人都說他是個瘋子，這種冒進行為根本不是交易，而是攪局。所有關心他的人都為他捏了一把汗。但譚旭光卻很鎮定，他說：「我做這些決策，都是經過認真思考，反覆衡量，可以說是大膽的，更是果斷和科學的。」

譚旭光並不在意別人的看法，因為看似「冒進行為」的背後是他的深思熟慮。他早就看到湘火炬和濰柴結合就能打造出「濰柴發動機＋法士特變速箱＋漢德車橋＋陝汽重卡的重型卡車」的黃金產業鏈。後來，這條黃金產業鏈徹底改變了中國的被動局面，重構了中國重型卡車行業的市場格局。

從這個案例可以看出，冒進行為並不是一無是處的，**它是一柄雙刃劍，愚鈍的人不懂得事物發展規律，盲目做出決策，就會被它刺傷，甚至殞命；而聰明的人審時度勢、深思熟慮，做出的**

**決策看似大膽實則心細，並且善於抓住機會迅速跟進，從而成就
自己，走向輝煌。**

在管理工作中，我們在沒有十足把握的情況下，要避免冒進
行為左右我們的決策，要在有十足把握的前提下再去冒險。

日常應用

在實際管理工作中，我們要如何避免冒進行為，以免造成適
得其反的結果呢？

1 對自身能力有正確評估

盲目冒進，往往是在我們具備一定能力，卻又誇大能力而造
成的。總以為我們的能力能夠掌控局面，所以會去冒險，但事實
上因為能力不足，往往慘遭失敗。我們一定要對自身的能力做出
一個正確評估定位，然後再做出決策。

2 切莫低估事情的複雜性

還有一種情況容易讓我們冒險失敗，那就是低估了事情的複
雜程度。把事情看得過於簡單，就會把「石頭」看成「雞蛋」，雞
蛋碰雞蛋，會有勝算，但如果雞蛋碰石頭，就註定要失敗。

杜嘉法則
不怕身先士卒，
就怕死而後已

　　國內某專家率領團隊研究原子彈，期間要做很多化學實驗。每次這位專家都盡量自己動手，他總是說要「身先士卒」。

　　有一次，專家帶着助理和幾個學生做實驗。為了培養他們的動手能力，專家便要學生來做，可學生們都不敢上前。

　　於是專家要助理點火，讓他沒想到的是，助理也搖頭拒絕。

　　「為甚麼？」

　　助理說：「您之前不是一直說『身先士卒』這句話嗎？」

　　「對啊！既然你知道，就應該做到，像我每次那樣！」

　　助理回答：「其實我也能像您每次那樣，但我怕後半句⋯⋯」

　　同學們笑着齊聲說：「身先士卒，死而後已！」

作為一個項目負責人，專家懂得敢為人先，以身作則的道理，所以他總是親力親為。**在一個企業中，管理者想要讓下屬服從指令，就需要「以身作則」，因為「觀望」是員工們的普遍心理。**

你的下屬一看你的行動，便明白你對他們的要求，美國全國疾病研究中心教授 L. 杜嘉根據這種心理現象總結出的管理學法則，稱之為「杜嘉法則」。

管理學解讀

「杜嘉法則」指的是員工們對管理者始終都處於一個觀望的狀態，他們以管理者為風向標，同一個項目，管理者持積極樂觀的態度，那麼員工們也會積極樂觀地面對；如果管理者悲觀消極，那麼員工也就不會全力以赴地投入工作。

就像幽默故事中的「學生們」，因為專家沒有先點火，所以他們不確定點完火後會面臨怎樣的情況，也就不願意積極主動地去點火。專家身為這個團隊的管理者，自然明白學生們的心理，所以才會安排他的助手去做這件事情。這則幽默故事闡明了管理者在團隊中起帶頭作用的重要性。

身為管理者，必然要做很多決策，而每一條決策是否能落到實處，就要看員工的執行情況，只有充滿活力的員工隊伍才能具備較強的執行力度。而怎樣激發員工的活力，關鍵在於管理者。無數的案例證明：只有敢為人先的管理者才能啟動員工的活力。

華為的任正非就是這樣一個敢為人先並最大限度啟動員工活力的管理者。這種敢為人先的舉動，在任正非身為華為管理者的這些年中一直有所體現，大到公司做晶片的決策中，小到溝通和安撫員工的日常工作裏，都能看到他所起的帶頭作用。

獎勵敢講真話的員工

2017 年，華為的一名員工在工作中發現某部門的業務數據代碼有問題，而導致這種問題的原因有兩種：一是有員工抄襲別人的代碼，二是數據代碼外洩。無論哪一種問題都會牽連到其他員工的工作。

一般而言，員工看到這種情況，或者就不作聲，或者悄悄找到上司滙報，以避免自己遭到報復。但這位員工非常耿直，他當即在公司的內部網站上進行了實名舉報。他這樣做會令該部門的上司，乃至該部門上面更高級別的上司都坐不住了。畢竟這個問題出現在他們部門，這可是很丟臉的一件事情，甚至會影響到他們的前程。大家都說這個員工要倒霉了，一定會被上司們報復的。

所有的員工都在為這名舉報的員工捏把汗，不知道管理者會怎樣處置他，同時也都在心裏嘀咕，要是自己攤上這事兒會怎麼辦？是舉報，還是往上滙報，抑或是裝作視而不見？一時間，公司的氣氛緊張起來。

但管理者還沒有出手，任正非已經先出手了。他公開發文力挺這名員工，誇讚他指出錯誤是一件正確的事情，值得表揚，為了嘉獎他，任正非不但給他連升兩級的職位，還為他提供了華為上海研究所的新崗位。同時，任正非還欽點華為的一位管理者專門保護這名員工不受到打擊報復。

任正非在所有人做出反應之前就做出表揚員工和為他升職的舉動，對整個華為都起到了表率作用，他讓華為所有人都明白了一個道理：公司歡迎正直和坦誠的人。他也讓所有員工都知道，公司就是要愛護和獎勵敢講真話的員工。

那之後，華為管理者們便根據這條準則去處理其他同類型的事情，而員工們則會根據這條準則去說出真話，他們也會更聽從管理層的指令；因為他們相信，公司最大的領導者都從自我做起，愛護敢於說真話的員工，其他管理者必定也都會以此為榜

樣，那麼他們就沒有理由不積極工作，真誠對待公司。

在一個團隊裏，管理者既是決策者，也是被學習的榜樣。以身作則，敢為人先的潛台詞就是：成為下屬的榜樣！

我們從上小學的時候就已經知道「學榜樣容易，做榜樣難。」因為榜樣意味着我們必須要時時刻刻方方面面都要提升自己，讓自己始終保持在一個優秀的狀態。火車跑得快，全靠車頭帶！管理者優秀了，也就等於告訴員工：你們也要優秀起來！那麼，員工自然也不敢懈怠，會去努力提升自己。

「下屬一看你的行動，就知道你的要求。」當你身為管理者時，一定要謹記「杜嘉法則」，內心永遠要明白：你做出怎樣的表率，員工們自然就會跟上來，與你一起做出同樣的行動。

日常應用

想讓員工優秀起來，你自己要先優秀起來。那麼怎樣做一個優秀的管理者呢？

1 做一個品德優良的人

要從勇氣、誠實、道義、能力等方面着手，時刻提醒自己做一個有勇氣、講道義、誠實有信、可靠的人。只要做到這幾點，你的人格魅力就足以讓員工為你折服，並向你學習。

2 保持積極樂觀的態度

要做一個樂觀向上的人，做一個對工作充滿熱情的人。千萬不要讓自己陷入悲觀消極的情緒中，那樣的話，會影響到員工們的情緒，讓他們無以適從，努力工作也就無從談起。

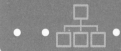

快魚吃慢魚
孩子要掉下去了

　　司機駕車行駛在鄉下空曠的公路上。一輛摩托車從他身邊疾馳而過，摩托車尾座上的孩子眼看就要掉下去了。

　　司機連忙追上去攔下摩托車，說：「你慢點開。」

　　摩托車手說：「慢了不行啊，先生！我需要速度。秋季摩托車賽的獎金可是我們全家一年的開銷呢！」

　　司機說：「那你也不能拿孩子玩命啊！孩子要掉了。」

　　摩托車手回頭看了一眼孩子，忽然驚叫起來：「兒子，你媽媽呢？」

趣味點評

　　摩托車手需要速度和效率，慢了就無法獲得獎金，以至於全家會面臨生存問題；為了求快，他甚至把自己的老婆弄丟了。這雖然只是一則幽默故事，但從中我們可以看到「速度」的重要性，有時候，它是和全家的生存發展聯繫在一起的。

　　在互聯網時代，企業發展也是這樣，對客戶需求做出迅速反應的企業就能抓住機會，而那些反應慢的企業就只能被淘汰。思科 CEO 錢伯斯提出了「快魚吃慢魚」的管理理論。

管理學解讀

　　美國思科公司的管理者約翰・錢伯斯有「互聯網先生」的美譽。能獲此美譽，是因為錢伯斯的經營策略和連接電腦的網絡一樣錯綜複雜，他的戰術變幻莫測，每次都迅速而正確，只要他插手的項目，沒有對手能夠奪過去。

　　錢伯斯根據自己幾十年觀察到的全球各大企業競爭的經驗，總結出「快魚吃慢魚」的管理理論，**這條理論的核心點就是「快！」想要快，管理者就要像圍獵的獵手一樣時刻盯緊市場，一旦發現市場新動向，就要馬上對企業做出調整以順應市場，只有這樣才不會被市場淘汰。**

　　當年，錢伯斯在加州的技術會議上一眼看上了一家電信設備科技公司的技術產品，他和該公司的首席執行官卡爾・魯索說：「我要花多少錢收購你的公司？」魯索正計劃把公司推上市，當場就拒絕說：「不，我想知道花多少錢可以打消你的想法？」但在魯索把公司推上市後不久，錢伯斯就通過「以 69 億美金購買該公司的大部分股票」的方式將該公司收購到手。

　　錢伯斯採取的就是「快魚吃慢魚」的辦法，魯索本來是執意不賣自己公司的，但他在公司上市後，一直沉浸在上市的喜悅中，反應就慢了一些；而這時的錢伯斯已經以迅雷不及掩耳之勢出手購買他們公司的股票，等魯索意識到這個問題時已經晚了。

　　傳統時代的企業管理者，倡導的是「十年磨一劍」。無論是公司發展，還是產品打磨，都要求持久專注。但這一套戰略在互聯網時代已經落伍，互聯網時代的訊息都是公開透明的，而且競爭對手如雲。在這種環境下，管理者如果沒有效率，那麼即使是到嘴的鴨子也會飛掉。

　　想要做到快，別無他法，執行力而已！所謂執行力，是指一個人完成預定目標的實際操作能力。無數成功人士的經歷告訴我們：執行力是創業的核心競爭力，是把規劃轉化為成果的關鍵。

是否具備執行力對創業者的目標能否順利實現起到了至關重要的制約作用。

執行力就是行動的能力，一個人如果只是把計劃做得很周密，但卻不行動，不付諸實施的話，計劃永遠也不能完成。但如果一個人有迅速行動起來的能力，就能快速地處理行動過程中的各種問題，把握住稍縱即逝的機會。

快魚吃慢魚，重點在「快」上。只要做到快，再有準和穩做輔助，就能有效提升個人的執行力。

但在「快」的同時，也不能忽視「準」和「穩」。準，就是指在執行的過程中，一定要看準方向，有的放矢。只有這樣，才能不被其他不必要的因素帶入偏差。有個成語叫「南轅北轍」，就是說一個有執行力的人，因為沒有看準方向，而跑了偏，最後離目標越來越遠。穩，是專門針對準而言。方向準了，也不能急躁，要高瞻遠矚，將一切有可能出現的問題都列出來，然後找到解決問題的辦法，這樣才能保證執行順利完成。

日常應用

當今社會，競爭非常激烈，每個人、每個團隊，都面臨著「被快魚吃掉」的危機。想要生存和發展，就一定要做「快魚」，千萬不能做「慢魚」。要想做「快魚」，我們可以這樣做：

1 準確把握市場脈絡

在快速出擊之前，先做足功課，明確市場脈絡和走向；只有這樣，才能準確地定位市場，規劃項目發展方向。

2 使用搶先戰略，切忌猶豫不決

了解項目發展方向後，就要快速出擊，千萬不能猶豫不決、拖拖拉拉。否則，結果就只能是眼睜睜看別人成功，而自己卻與機會擦肩而過。

第 **7** 章

執行篇

執行有標準，結果不走樣

格瑞斯特定理
不能喝湯

　　卓別靈在瑞士居住的時候，去一家五星級餐廳用餐。這家酒店以湯色美味、服務良好著稱。他點了瑞士著名的烤粉湯。不一會兒，侍者就送上湯來。

　　卓別靈仔細看了一眼湯後，説：「我不能喝這個湯。」

　　「不好意思，先生，我重新給您換一種。」侍者道完歉，換了份牛肉湯。

　　卓別靈仔細看了一下餐盤，又説道：「我不能喝這個湯。」

　　侍者慌忙把此事告訴了經理。經理走過來非常謙恭地問卓別靈：「先生，您到底要喝甚麼湯？」

　　卓別靈雙手一攤：「沒有湯匙，所以我不能喝湯。」

趣味點評

　　去一流的餐廳，喝美味的湯，享受一流的服務。在餐廳，廚師做出最美味的湯，侍者把湯送到卓別靈面前，一個完美的項目也因此達成，接下來就是項目執行（享用美食）。誰知侍者忘記送湯匙，再美味的湯也無法喝到嘴裏，目標也無法實現。管理學中的「格瑞斯特定理」告訴我們：**「傑出的策略必須加上傑出的執行，才能奏效。反之，則為零。」** 侍者的做法正好生動地成為這條理論的反面教材。

管理學解讀

「格瑞斯特定理」的建立者是美國企業家 H. 格瑞斯特，他在管理企業發展的過程中，發現很多決策非常完美，但因為執行力度不夠而導致決策無法實現。而另一些並不比這些決策完美的項目，卻因為執行力度夠強，而實現了超出預期的結果。格瑞斯特根據這些案例總結出這條理論。後來，這條理論被管理者們視為寶典。

在古代，有很多完美計劃因為執行力度不夠而被迫流產的案例，比如「馬謖失街亭」。

當時，諸葛亮率領蜀軍去祁山北伐，在和魏軍對陣中，街亭是一個很重要的關卡，守住，蜀軍便能打勝仗；守不住，蜀軍便會失去據點。諸葛亮把這個重要的地方交給了馬謖。

馬謖領命而去，臨出發前，諸葛亮吩咐他說：「一定要選擇有水源的地方建築城池，切勿在山上駐紮。」但馬謖並沒有聽從諸葛亮的叮囑，而是擅自把隊伍駐紮在山上。魏軍的將領張郃率領隊伍來到後，便在山下紮營，將馬謖和他的隊伍包圍起來。馬謖多次出兵都未能攻下山，又取不到水，士兵們又渴又累，極度倦乏。張郃趁機率軍圍剿，將馬謖的部隊打得落花流水，最終街亭失守，蜀軍也因此失去了一個至關重要的據點。

諸葛亮的策略是非常完美的，只要這個策略成功落實，蜀軍就能勝出。但因為馬謖的執行力不夠，沒有執行這份策略，在離成功只有一步之遙的時候，諸葛亮和蜀軍卻不得不非常無奈地接受失敗的事實，而馬謖也因為執行力不夠而必須接受失敗的懲罰。

團隊中有這樣的員工，是管理者最苦惱的事情。畢竟不是每一個客戶都能像卓別靈那樣耐心等待和提醒。互聯網時代，訊息高度發達，競爭對手如雲，客戶一旦發現你的執行力不夠，就會馬上更換合作夥伴，絕對不會給你提供第二次機會。

管理者為了避免自己遭遇諸葛亮經歷過的苦惱，必須要對團隊成員進行督促，對項目要做跟進。如果諸葛亮安排好後，一直密切關注馬謖的舉動，直到他完全準確地執行了自己的策略，那麼也就不會發生「失街亭揮淚斬馬謖」的千古憾事。管理者在監督員工執行力的同時，也切莫忽略了自己和整個團隊的執行力。員工缺失了執行力，錯誤尚可挽回，倘若管理者和整個團隊缺失了執行力，那整個企業就能在商海遭遇滑鐵盧。這可並非危言聳聽。

執行力不足導致失敗

美國的西爾斯公司（Sears）曾經是零售業巨頭，有「百貨公司鼻祖」的美譽。西爾斯於美國鐵路時代誕生，當時的訊息極其不發達，人們都靠郵局傳遞訊息。西爾斯發現這一點後做出「目錄郵購零售」的策略，並馬上執行；很快，西爾斯公司的郵購目錄就突破地域局限抵達廣大農村，因為這一舉動，西爾斯吸引了美國眾多的農村用戶。

到了汽車社會，貨物已經能夠運輸到鄉下，百姓們不再需要目錄郵購，而是在家門口就能買到東西。西爾斯的管理者於是做出在各地開百貨商店的策略。他們沒有猶豫和拖延，一旦做出這個決定就馬上訴諸行動；與此同時，其他公司也紛紛修建百貨公司。因為之前很多人已經通過目錄郵購知道了西爾斯公司，所以在眾多的百貨商店中，他們更加認可西爾斯。西爾斯因為傑出的策略加上果斷的執行力，一舉創辦了四千多家門店，從此走上了企業發展的巔峰。

進入互聯網時代後，西爾斯的管理層換成了愛德華·蘭伯特為 CEO，新的管理者帶領西爾斯團隊繼續前行。但是，在蘭伯特的管理帶領下，西爾斯不但沒有繼續發展，反而出現斷崖式滑落，業績越來越差。

蘭伯特在破產宣講中説，自己其實已經預見到電商是零售業的未來，卻因為公司的連年虧損和巨大的養老金支付導致資金鏈緊張，致使他做出裁員和升級門店的策略。但在資金短缺的情況下，管理層只執行了「裁員」的決策，卻沒有把「升級門店」的

構想付諸實現，這也是導致西爾斯公司最終宣告破產的主要原因。

　　西爾斯公司的發展和演變成為後來很多企業管理者分析的經典案例，但大家都是從新零售和線上線下的角度去分析，得出「蘭伯特只從線下的裁員入手，而沒有跟上時代潮流」的結論，卻忽略了他有升級門店，發展線上的構想，最終因為執行力不夠而導致該構想流產的事實。

　　西爾斯的教訓，對於管理者來說具有非常深刻的啟迪意義。它告訴我們：

　　在管理工作中，無論有多麼傑出的策略，只要沒有執行到位，一切都等於零。一分部署，九分落實，只有把戰略目標任務落到實處，項目才能成功實現。

日常應用

　　對於很多有拖延症的人來說，往往執行力不夠。那麼，怎樣才能培養起員工和團隊的執行力呢？

1 把策略轉化為思想和行動

　　在做出一個戰略目標之後，要第一時間對員工做思想工作，把目標任務轉化為思想，只有根植進思想裏，才能在行動上有所自覺，行動自覺了，執行力自然也就增強了。

2 杜絕任務打折扣現象

　　在執行任務的過程中，員工經常會把任務簡單化、折扣化，就像那個「侍者只端餐卻忘記拿湯匙」一樣。

　　為了避免這種打折扣現象，就一定要加強對員工執行力的監督，以此確保員工的執行力能夠落實到位。

洛伯定理
如果上帝沒意見，
我當然不反對

　　美國總統福特去特戰隊暗查軍容，看到軍營亂成一鍋粥。

　　「要好好教訓一下這裏的負責人了！」福特心想。

　　氣憤不已的福特走進指揮官辦公室，看到特戰隊的副指揮官正忙着寫報告。

　　副指揮官說：「指揮官去世了，我現在正要向您寫報告。」

　　福特訓斥說：「上帝帶走了指揮官，但沒帶走你啊！你身為副指揮官，不先管理好士兵，卻忙着寫報告！」

　　副指揮官說：「請求總統讓我來取代指揮官……」

　　福特板着臉打斷他的話：「如果上帝沒意見，我當然不反對！」

趣味點評

　　指揮官的命令，士兵們應該無條件遵守，但如果只是讓下屬一味地聽指揮官的，而不是把責任落在他們的肩上，那麼一旦指揮官出了狀況，士兵們就不知道該聽誰的，也就會陷入紛亂不堪的糟糕局面。美國管理學家針對這種現象提出了**「洛伯定理」：讓你的下屬成為有工作責任感的人。**

管理學解讀

「**對於一個管理者來說，最重要的不是你在場時的情況，而是你不在場時發生了甚麼！**」美國管理學家洛伯說這話時，也正是他的眾多企業管理者客戶面對越來越差的團隊苦惱之時。洛伯的這句話宛如一盞明燈，為這些苦惱的管理者照亮了打造一支高效優秀團隊的前路，也讓後來者大受裨益。

洛伯認為，管理者在場的時候，員工們都很優秀，聽管理者的調度，積極地去執行管理者的規定。這當然很重要，這說明員工們在管理者的領導下把執行力發揮到極致，只要管理者優秀，那麼團隊自然就差不了。

可同一個管理者，同一批員工，都很優秀，卻為甚麼會越來越差呢？既然管理者在場的時候沒問題，那麼問題肯定出在管理者不在場的時候。假如員工只是一個個的機器人，完全聽從管理者的安排，那麼當管理者不在場時，這些員工也就失去了方向，不知道該往哪個方向發力。這樣的情形在管理者能力差的團隊並不常見，反而是在事無巨細，凡事都親力親為的管理者團隊裏經常看到。

小陳是一家私企的市場部主管，他每天率領下屬努力開拓市場，企業的業務因此發展非常好。每次上司表揚他們，市場部的員工們都異口同聲地說「是主管帶領得好」。小陳一直對員工都照顧有加，無論甚麼事情都是他親自上陣，每次小陳都衝在最前面，員工們只是起一個輔助作用。這樣的管理者深受員工們的喜愛，市場部中這個團隊氛圍一直很好。但小陳很快卻發現了問題。

但隨着企業壯大，有了擴張策略，市場部就需要去外省調研。按照一貫的作風，小陳自然是要親自去外省調研。可一個星期後，小陳回到公司，他發現在自己走後的這段時間裏，員工們竟然甚麼都沒有做，他的辦公桌上卻堆滿了各種文件。該啟動的項目沒有啟動，該跟進的項目沒有跟進，甚至連每天的例會都沒

有開過一次，整個市場部處於癱瘓狀態。小陳簡直難以相信，這怎麼會是那支讓自己一直引以為傲的團隊？

小陳問起員工們這個問題。誰知大家異口同聲地説：「主管，這不是我們的錯。很多工作都是你來做決定，你不在，我們即使做了，也不能確定自己做得對不對，而是要等你回來檢查。萬一做錯了呢？所以我們索性先不做，等你回來指揮我們的時候，我們再做。」

培養能獨立思考有責任感的下屬

小陳被這樣的解釋弄得哭笑不得。他這才意識到，日常工作中自己參與了下屬的整個工作過程，並時刻叮囑下屬們按照自己的想法去做，這才導致很多員工沒有自己的想法和主張，以至於員工只是聽從上司安排。久而久之，團隊就失去了創新力，完全依賴於領導者，結果就只有一個：上司在，團隊工作效率過百；上司不在，團隊效率為零。

小陳之所以會面臨這樣的狀況，就是因為他不懂得「洛伯定理」的緣故。他和幽默故事中那個死去的「指揮官」一樣，甚麼事情都讓下屬只聽自己的指令，一旦自己不存在，下屬們就無所適從。倘若他懂得「洛伯定理」，就會培養員工們的獨立思考能力和責任心，而不是培養一個個沒有思想和責任心的傀儡。

所以，想讓員工在有沒有管理者的場合都始終如一地優秀工作，不是靠管理者的指令和時時刻刻的親力親為，而是靠員工對工作的責任心。有了責任心，員工就清楚自己的方向，無論管理者在不在場，他們都會堅持不懈地向那個方向行走。在這一點上，海底撈的管理者張勇就做得非常好。

張勇創立海底撈品牌的同時，也創建了一套管理制度，那就是店長師徒制和家文化。師徒制是讓員工帶員工，徒弟的業績好，師父也會有提成，這樣的制度就會讓師父很有責任心，知道怎樣教導徒弟去做才能讓企業發展得更好。所有員工都像一個家裏的兄弟姐妹一樣親密，讓他們的心與企業聯繫在一起。

這種管理辦法無論是從經濟上，還是從文化上，都把員工和企業緊緊聯繫在一起，讓他們產生了強烈的責任心。只要員工有了責任感，那麼即使管理者不在場，他們也知道該怎麼去做。只有這樣，才能打造出一支真正優秀的團隊，而這也正是洛伯制定「洛伯定理」時，想要讓管理者們實現的目標。

日常應用

培養員工的責任感是一件很重要的事情。但讓員工心裏產生自己是「企業主人」的思想，卻是一件不容易的事情。我們可以試着這樣去做：

1 給員工安全感

管理者與其把時間和精力用在對每項工作的親力親為上，還不如把精力用在員工身上；從精神上、生活上去多多關心他們，讓他們的心安穩下來，心安穩了，有了安全感，就會對團隊產生責任和忠誠。

2 工資到位

某位著名的企業家説，員工離職，無非兩個原因：一是工資不到位，二是做得不開心。讓員工有安全感就能讓他開心工作，而工資到位了，就能讓員工專心工作，為了更好的薪酬，他們也會更加努力提升自己的能力，團隊也就會愈發優秀。

吉德林法則
走國民路線的福特

　　有一次，總統福特在加州某酒店前面的廣場上開演講大會，大會主要針對民間百姓反對總統當局的問題展開。

　　民眾嫌福特表現平庸，沒有政治魅力，因此對他非常不滿。當福特一走上演講台，下面就一片噓聲，氣氛非常尷尬。

　　福特笑着說：「謝謝大家給我這個機會來和大家做親密的溝通。請各位先生和女士記住，我是福特，不是林肯。福特和林肯都是汽車品牌，但林肯車走高級車路線，而福特車走國民車路線，所以福特永遠和你們在一起。」

趣味點評

　　作為一名總統，福特被民眾反對，這是他政治生涯上的最大難題。然而福特並沒有被困難嚇到，而是在找出問題後巧妙地解答問題。他以幽默的比喻將自己和民眾的關係緊密聯繫在一起，讓民眾再也無法反駁他。

　　無論你做的是公司哪個管理層，都會遇到難題。解決難題最有效的辦法，就是像福特那樣先把難題找出來，認清它，然後再分析它，解答它，才能解決問題。而這就是管理學中的「吉德林法則」。

管理學解讀

「吉德林法則」是美國通用汽車公司管理顧問查爾斯‧德林提出來的，他提出這條理論的目的，就是想要告訴人們：只有先認清楚問題，才能很好地解決問題。現在網絡上流傳一句話說「百因必有果」，反過來也就是說，有結果就必定有原因，這世上沒有解決不了的問題，只有不願意找出的原因。

這幾年一直傳得沸沸揚揚的電飯煲，大家應該都還記得吧？在此之前，我們都知道電飯煲本身是一款極其普通的大眾產品，家家戶戶都有；一般而言，商家是無法在這個領域開闢出新市場的。但用戶普遍反映電飯煲做出來的米飯不如土灶的米飯好吃，平常人大都會覺得這只是一個懷舊的訊息，因此很多商家都沒有注意到這一點；但日本三菱電機股份有限公司的管理者，卻發現了這其中蘊藏着的商機。

他們立志找出「大眾百姓對傳統土灶米飯最喜歡」這個現象的原因，得到結果並根據結果研發新的產品，解決大眾百姓的需求問題，從而開拓出一個廣闊的市場。經過一番調研工作後，管理者們發現，大眾反映電飯煲做飯不如土灶做飯好吃的原因是「口感」。

找到了問題的癥結，就能找到解決問題的辦法。吉德林這話一點不假。三菱電機集團的管理者們把設計「土灶飯的口感」列為電飯煲的主要功能，並力爭把它做到極致。為了做出與土灶相同口感的米飯，三菱電機集團的管理者們遍訪日本各地老建築與高級料理的土灶，徹底分析其構造及火勢，同時將土灶烹製米飯的軟硬、水分等數據化，並把這些數據應用到電飯煲的製作中去。

他們經過無數次的試驗，研發出了「本炭釜」內膽電飯煲。這種電飯煲能再現「土灶」米飯的口感，使米飯口感達到人們期望。三菱電機集團管理者通過分析問題的原因，從而找到了解決問題的辦法，最終開拓出一個全新的市場。

無論是通過幽默故事中「福特的反應」，還是上文中三菱電機集團管理者對問題原因的細緻查找，我們都不難發現，想要找到問題的癥結，一定要在發現問題的時候，就把它出現的原因分析透徹。如果在沒考慮到全部因素之前，就去找問題的癥結，找出來的癥結有可能就是偏頗的、有失公允的。而這也會誤導我們制訂解決問題的辦法。

　　由此可見，把問題清清楚楚地了解透徹，是一件多麼重要的事情。

　　人都是生活在社會屬性中的，有着各種各樣的身份，也會面臨各種各樣的問題。面對這些問題，有些人選擇逃避，有些人選擇主動出擊。對於個人來說，逃避也許能讓人內心輕鬆；如果無傷大雅，偶爾逃避一下也不是不可以。但對於管理者來說，逃避卻是萬萬不可取，除了主動出擊想辦法解決問題之外，別無他法。

　　要注意的是，**在主動出擊之前，一定要把問題的癥結分析清楚，因為分析清楚問題產生的原因，也就等於把問題解決了一半。而剩下的另一半問題也會因為你之前的知識積累而迎刃而解，從而把問題解決得非常完美。**

日常應用

當我們在自己管理團隊時遇到問題，逃避是不現實的，只有付諸行動，努力找到問題的癥結所在，才能找到解決問題的辦法。那麼，如何抓住問題的癥結呢？

1 界定問題

界定問題是解決問題的前提。對問題進行界定，就是要弄清問題到底是甚麼，就像射箭要找準靶心一樣，只有瞄準靶心才能有的放矢；否則會把事情做成一盤散沙。

2 學習別人的做法

如要推出新式錄音機該怎麼做？假如本身缺乏這方面的經驗，若完全靠自己的構思，不僅浪費時間，還會出錯。經營錄音機的公司總有好幾家，它們是消息的最好來源。但不能依樣畫葫蘆，而是利用先進的既有經驗來發揮自己的構思。不論面臨甚麼問題，都要看看人家是怎麼解決問題的，然後再加以改善。

布利斯原則
反正我戴着手套幹

著名畫家凡‧高畫了一幅油畫，想請高更鑑賞把關。

凡‧高再三囑咐：「油畫還沒有乾，您一定不要碰它。」高更一眼就被油畫迷住了，他全神貫注地觀摩油畫，根本就沒有把凡‧高的話聽進去。

看得入神處，高更情不自禁地伸手摸了一下油畫。凡‧高生氣地大喊起來：「當心！當心！難道您看不出油畫還沒有乾嗎？」

「啊？！」高更舉起手，答道，「沒關係，反正我戴着手套。」

趣味點評

凡‧高授權高更去鑑賞他的油畫，卻又不允許他觸碰畫面，高更由於完全投入地去欣賞，而導致油畫被毀。如果凡‧高等油畫乾了再請高更來欣賞，就可以讓他盡情鑑賞，也就不會出現這個錯誤了。

很多管理者也經常犯這樣的錯誤：吩咐員工去辦事情，但卻又有一些權力沒有授予給他，員工無權做主，導致最後事情無法順利進行。針對這一現象，美國管理學家艾德‧布利斯提出了「**管理者授權他人辦事時，要交付給他人足夠的權力**」這條法則，管理學中稱之為「布利斯原則」。

管理學解讀

　　「布利斯法則」又被稱為「授權法則」，它一針見血地點出「授權」的重要性。權，是權力，是可以拍板決定某些主張的支配力。每個管理者都擁有支配力，也正是憑着這些支配力去調度團隊員工。但管理者不能事事親為，想要把自己從日常煩瑣的管理工作中解脫出來，想要把員工的參與積極性調動起來，就需要管理者把這些支配力下放授權給員工。

　　2018 年春天，某出版峰會論壇召開，論壇的主題是「行業探討和項目合作」，要求有拍板權的管理者們參加，主辦方再三重申，如果不具備拍板權的就不要參加了。根據這個要求，參加峰會的都是文化公司的負責人，唯有一家初創文化公司因為負責人沒有空，於是派他的助理來。

下放權力

　　助理的業務能力很強，而且是該領域的專業人士，他的言談吸引了很多管理者的注意。在項目合作過程中，好幾家文化公司都想和這家公司合作；但每談到一個項目，這個助理都要給公司負責人打電話滙報，等待負責人評估再決定是否通過。

　　電話滙報後，負責人對該領域並不熟悉，也沒有縱覽全盤的能力；於是他又不得找人評估，一來二去地耽誤了很多時間，直到峰會結束，助理也沒有完成一個項目的意向合同書。那些有意合作的用戶見此情景紛紛轉投其他合作方，最終和其他方達成合作。這家文化公司因為負責人的權力沒有下放到位而丟失了好幾個項目。

　　助理後來說，這幾個項目相當於該公司半年的業務，就這樣眼巴巴地錯失了，這對初創公司的發展來說是一件非常糟糕的事情。經過這件事後，助理心灰意冷，沒多久就辭職了。該公司的管理者因為權力下放不到位，不僅失去了項目合作機會，還流失了人才。對公司來說是兩大損失。

當然，權力也不是隨便下放的，需要有條件制約。就像幽默故事中的凡・高一樣，他要把鑑賞油畫的全部權力（看、摸）下放給高更，有一個條件，那就是油畫必須已經乾透，只有滿足了這個條件，高更才不會因為太入迷而破壞到油畫。

適度權力下放

某實體企業老闆看到互聯網科技的火爆，感到實體運作越來越艱難，便做出把實體企業轉變成互聯網科技企業的決策。因為他對互聯網科技公司的管理一竅不通，於是便花高薪聘請了一位互聯網科技行業的專業人士來做公司的主管。

其間，公司老闆不再過問公司的日常經營事務，也就是說，他把管理權全部下放給了那位聘請來的主管。由於他太過相信這位主管的能力，完全忽略掉自己的公司是新轉型的公司，和其他互聯網科技領域的初創公司一樣，既沒有成熟的經營模式，也沒有準確的經營目標。由於這些條件都尚不具備，主管空有一腔理念和技術，也只能像一隻無頭蒼蠅般亂碰亂撞。經過一年的發展，該老闆發現公司從戰略到管理一片混亂，不但沒有盈利，反而還把投入的資本也都虧空了，此時才追悔莫及，後悔不該將權力下放得太徹底。

從這個案例中我們不難看出，不適度的權力下放，就會把企業搞得混亂不堪。在我們的管理工作中，一定要恰到好處地運用布利斯法則。既要授權，要做到讓員工有支配力；同時也要審時度勢，滿足授權的條件，任性授權只會把團隊、把項目搞得一團糟。

日常應用

　　管理工作中的權力分很多種，有明責授權、單項授權、條件授權、定時授權等。我們在將這些權力授權給員工時，一定要分清楚這些權限，做出相應的授予。

1 明責授權

　　明責授權，是指授權要以責任為前提，授權同時要明確其職責，使下級明確自己的責任範圍和權限範圍。

2 單項授權

　　單項授權，是指只授予決策或處理某一問題的權力，權力會在問題解決後立刻收回。

3 條件授權

　　條件授權，是指在某一特定環境條件下授予下級某種權力，環境條件改變了，權限也應隨之改變。

4 定時授權

　　定時授權，即授予下級的某種權力有一定的時間期限，到期權力就會收回。

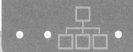

倒金字塔管理法則
留下證據

公司新來的會計去銀行給公司取錢，剛出銀行就被歹徒用槍指着頭打劫。會計並未抵抗，乖乖地奉上錢袋。劫匪見他如此乖順，反而疑心有詐。

會計說：「大哥，我們公司有一條規定，員工有權力對自己負責的事情做決定。因此我現在決定把錢給你。不過，我需要留下一些證據，證明我是被打劫，而不是私吞公款。所以要拜託你在我的褲子上開兩槍。」

劫匪心想，自己拿到這麼大一筆錢，滿足他這個小小的要求也是應該的，於是便在他的褲子上開了兩槍。

會計再次懇求道：「大哥，為了讓老闆深信我無法反抗，請你再在我的衣服和帽子上再各開兩槍。開完槍你就可以走了。」

被說暈頭的劫匪統統照做，槍裏的子彈都打光了。這時，會計猛地起身撞暈了劫匪，高興地取回了錢袋。

趣味點評

如果被打劫的會計沒有權力處理自己負責的事情，他就可能會因為自己無法對這份錢財做出支配而不願意把錢給劫匪，最後的結果將會是「會計喪命、錢財被劫」。不過，因為有「公司給予員工承擔責任的自由」的管理制度，會計有了做決定的權力，他可以選擇受傷保護財物，也可以選擇送出財務保命。會計經過權衡後迅速做出決斷，聰明地制服了劫匪。

這一則幽默故事體現的正是管理學中的「倒金字塔管理法則」：**給予一些人以承擔責任的自由，可以釋放出隱藏在他們體內的能量。**

管理學解讀

「倒金字塔管理法則」的提出者是瑞典的北歐航空公司總裁楊・卡爾松，這條法則來自於卡爾松本人的管理經驗總結。

卡爾松擔任北歐航空公司總裁時，北歐航空公司正處於瀕臨倒閉的狀態；因為石油危機和管理方式的老套，導致北歐航空公司一片蕭條、人心惶惶。卡爾松雖然很年輕，但極具領導才能，有着豐富的管理經驗；正因如此，北歐航空公司才會聘請他來救公司於水火之中。

卡爾松仔細研究公司的管理模式後，發現該管理模式是傳統的「金字塔模式」。管理者們在金字塔頂端制定決策，而員工只是決策的執行者，就好像螺絲釘一樣，沒有自己的思想，只是聽管理者安排，被動地工作着，沒有熱情。

卡爾松憑藉豐富的管理經驗，從這份傳統的管理模式中分析出問題的癥結：員工被動地接受安排，心也就未融入公司，公司也未能賦予員工「公司主人」的責任感。這直接導致團隊人心渙散，公司的服務工作愈發糟糕，再加上外部的客觀原因，公司內憂外患，因此無法正常運轉起來。

卡爾松抓住問題的關鍵後，馬上着手重新構建管理模式。他把傳統的管理模式倒過來，形成一個倒金字塔模式：把決策權交給一線的員工，因為他們直面用戶，用戶提出問題後，他們可以根據自己的經驗和知識直接做出決定，而不用等到滙報上級後再聽上司的安排和指示。

卡爾松的這一管理模式讓北歐航空公司的每一個員工，都有了處理自己職責內所面對事物的權力。

有一個國外的乘客住在距離機場幾十公里外的市區的一家酒店裏，在距離飛機起飛還有兩個小時的時候，他急匆匆地趕去機場。等到了機場他才發現，自己匆忙之間把身份證件遺失在了酒店裏。他要是回去取再折返回來，時間肯定來不及，不去取的話沒有了證件，他也一樣無法登機。

負責他所要登航班的工作人員得知這個情況後，馬上打電話聯繫酒店，讓酒店派人把客人的證件送過來，一切費用都由航空公司來支付。這名乘客聽到這名工作人員的安排時，簡直不敢相信自己的耳朵。在他眼裏，這名工作人員只是機場最基層的一名員工，怎麼會有這麼大的權力？

後來乘客才知道，這正是北歐航空公司總裁卡爾松的倒金字塔管理模式下的員工權力支配制。也就是說，航空公司把管理權限下發到每一名員工手裏，讓他們在自己的職責範圍內有權決定和處理一些事情。而員工們有了權力，也就會有了主人翁精神，就會想辦法把工作中遇到的問題以最佳的方式處理好。就像這名乘客的事情，工作人員在極短的時間裏安排人員把證件送來，既不會延誤乘客的時間，也以優質體貼的服務贏得了乘客的心。

不過，倒金字塔管理法則中有一點要注意，就是員工在支配管理權的同時，也要讓他們清楚責任。對於任何一個企業或團隊來說，管理權和責任感都是相互依存的。只有責任感，沒有管理權，責任感就會淡漠；只有管理權，沒有責任感，管理權就容易越軌。

像北歐航空公司的那名工作人員，如果只有責任感卻沒有管理權的話，他就空有為公司留住顧客的心，卻沒有幫乘客解決這個問題的能力；只能讓乘客改搭下一趟飛機，乘客下一次也許就不會再乘坐該公司的飛機，公司也就有可能失去了這名用戶。

再如，幽默故事中的「會計」，在獲得面對突發狀況時，他有對公司財產管理權的同時，也必須承擔起對公司財產的責任感。正是基於這一點，他才會在答應「劫匪」可以把錢拿走的時候，又用策略制服劫匪，最終保護了公司的財產。倘若公司給了他管

理權，而他不用承擔責任，那麼他完全可以雙手將錢奉給劫匪，自己平安無事地離開。

可見，既要給員工管理權，也要讓他們知道該承擔的責任。簡而言之，就是倒金字塔管理法則中那句話：「給予員工們以承擔責任的自由。」

日常應用

當把管理權和責任感都下放到員工手裏時，管理者一定要做好以下幾點，以確保管理權和責任感全都運行在準確正常的軌道中。

1 做及時跟進的監督者

管理者要負責監督員工的決策，以確保其位於可控的、準確的軌道上。只有這樣，才能保證管理權不會被濫用，責任也落實到位。

2 認真聽取員工反饋的建議

員工獨當一面後，會有更多更好的經驗和總結，它們是管理權的直接反饋，也是管理者做新的企業戰略規劃的基礎。管理者要經常安排員工滙報，並悉心聽取員工的反饋建議。

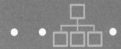

熱爐法則
觸犯和懲罰

冬天，軍官和新士兵們在寒冷的操場上訓練，大家都凍得直打哆嗦。

軍官問：「你們誰能夠說清楚『觸犯』和『懲罰』之間的關係？」

士兵凍得說話都斷斷續續：「未經同……同意就離開操場去火爐邊摸火爐，這就是觸犯。」

「那麼懲罰呢？」

「讓他一直……一直摸……摸着火爐。」

趣味點評

士兵的想法很有趣，離開操場去取暖，等於觸犯了部隊的規章制度，一直觸摸着滾燙的火爐，手就會被燙壞，等於被懲罰了。

沒有經過管理者的同意，就離開崗位去烤火，的確是觸犯了規章制度，違反了規章制度就必須接受懲罰，否則整個團隊的秩序都會變得很糟糕。在管理學中，這個效應被稱作「熱爐法則」。

管理學解讀

該幽默故事中的「火爐」，事實上在我們每個人的生活中都曾出現過。兒時，父母做飯的時候，我們總愛圍在他們身邊，看着爐火彤彤，鍋鏟翻飛，等待可口的美食出鍋，我們迫不及待地伸手去抓；這時，父母總會一把攔住我們，「小心爐火燙着你。」如果我們執意不聽，這時父母就會把我們的小手拉到火爐旁，感受那隨時都會灼傷人的高溫。

這樣的體驗讓我們記憶深刻，甚至會伴隨我們一生。長大以後，每當我們想做甚麼事情時，總會思考一下這件事情是不是該做？做了之後會有怎樣的結果？會不會像那個「火爐」一樣在達到目的時也會燙傷？諸如此類的思考，讓我們明白了規章制度的重要性。

遵守制度，防止任意妄為

任何一個企業或團隊，都要有一套規章制度，員工必須按照規章制度來做事，才能保障企業和團隊項目有序合法地運作。而且規章制度對員工要有約束力，只有遵守規章制度，才能防止管理工作中出現任意性。

網絡上曾鬧得沸沸揚揚的網紅進飛機駕駛艙的事件，便是一個典型的員工不遵守規章制度的案例：2019 年 1 月，有女乘客進入桂林航空一駕駛艙內拍照。當她把照片上傳到網絡後，引起了軒然大波，要知道，民航局有明確規定，駕駛艙不允許機組人員之外的任何人進入，曾經有一個機長讓他兒子進入駕駛艙誤觸按鈕引起飛機失事的慘劇；所以為了保障飛機上所有人員的安全，民航局是堅決不允許閒雜人等進入駕駛艙的。

民航局當即展開調查，才得知這個女乘客是該航班機長的女朋友，機長為了哄女朋友開心，於是擅自讓女乘客進入了駕駛艙。這一步邁過的不只是駕駛艙的門檻，更是違反民航局的規章制度。

觸摸了滾燙的火爐，就要被燙傷，觸犯了民航局的規章制度，就要被處罰。機長因此被吊銷駕駛證，此生都不能再駕駛飛機了。無論他有多麼後悔，他都必須為自己的錯誤承擔。身為管理者，你要讓你的員工知道，規章制度就像火紅的熱爐，即使不懂，觸犯了也必須受到懲罰。

同時接受懲罰的還有同機組的其他員工，因為他們沒有盡到監督的責任，也變相地觸碰了規章制度的底線，所以也要受到處罰。如果員工犯了錯，管理者不及時加以訓導，那麼員工就會接二連三地出錯，這是因為員工們會產生這樣的錯覺：犯了錯也不會受到懲罰，所以再犯一個也無所謂。

「熱爐法則」不僅會在員工身上出現，也有很多管理者明知故犯，以為自己有權力，因此做監守自盜的事情。但越是這樣，一旦觸犯了規章制度，受到的懲罰就越加嚴厲。

有一個男孩大學畢業後進入市區一家大公司的賣場擔任組長，手下管理着幾個員工。平日裏他對員工三令五申，一定要遵守公司的規章制度，千萬不要做出違背公司章程的事情來。員工們也都懂得其中的利害關係，所以都循規蹈矩地工作着。

很快到了年底，組長的女朋友要他和自己趁着假期一起回老家去向她父母提親。組長這下可犯了難，因為公司才開了會：為了迎接假期的客流高峰，任何人都不得請假，可以請假也一律不批準。他剛把這個命令傳達給小組成員們，現在自己又怎麼好意思歇班。

可組長的女朋友也很為難，因為她父母說了：「如果這次準女婿不回去，那以後永遠也別進家門。」在他們心裏，女兒的婚事比甚麼都重要，要是以工作為由推脫，是根本說不通的。為了不失去女朋友，組長決定偷偷地回女友老家一趟。他沒有請假，也沒有和組裏的員工們說起此事，只悄悄地歇了兩天。誰知，此事很快就被小組的員工揭發了，事情鬧得很大，公司高級管理層知道此事後，對組長做出了罰款並撤職的處罰。

組長雖然很不甘心，卻也不得不接受這個懲罰。因為他身為管理者，在明知規章制度如火爐般不能觸碰的情況下，還是突破了底線以身試法，做出了違反規章制度的事情。如果自己不受到嚴懲，企業就無法服眾。

「熱爐法則」不僅告訴我們不能觸碰規章制度的底線，也告訴我們在規章制度面前人人平等。一個團隊裏，一個企業中，必須人人都遵循規章制度，無論是誰觸碰了規章制度的底線，都要受到相應的懲罰。只有這樣，企業才能實現蓬勃發展。

日常應用

每個公司都會有一套規章制度，以供所有人遵循。在行使熱爐法則時，要注意以下幾點。

1 做到公正

觸犯規章制度的人可能是基層員工，也可能是管理層中堅分子。無論是誰，處罰方式都要保持一致性；只有這樣，才能公正，才能服眾。

2 對事不對人

當團隊裏有人犯了錯，懲罰時一定要注意客觀性，對事不對人；千萬不要趁機進行人身攻擊。事情過後要放下，最忌過後總拿出這件事情反覆批判，這樣做會失去民心，讓團隊人心渙散。

洛克忠告
聽令辦事

二戰期間，兩位朋友在街上相遇。

其中一個說：「嗨！蒙哥馬利，聽說你已經是一名著名的將軍。你是怎麼做到的？」

蒙哥馬利回答：「二十年前進入部隊，我就過着分分秒秒都聽口令行事的生活。你知道那是一種怎樣的緊迫嗎？」

朋友說：「我當然知道。這二十年來我雖然沒有當兵，同樣分分秒秒都按口令行事。」

「那你……」

「我結婚二十年了。」

趣味點評

蒙哥馬利一直嚴格遵守部隊的規則指令，最終成為了英國著名的將領；而他的朋友嚴格遵守妻子的指令，所以擁有美滿的婚姻。同理，如果企業的員工能夠嚴格遵守企業的規定，就必定能做出滿意的工作績效。英國教育家洛克看到了這一點，對管理者們提出了著名的「洛克忠告」——**規定要少而精準，且必須嚴格遵守**。

管理學解讀

「洛克忠告」的提出者是英國哲學家約翰·洛克，他擔任過牛津大學的希臘語老師和哲學老師，又在英國皇家學會擔任過職務，還跟隨沙夫茨伯里伯爵並擔任伯爵團隊的秘書。在這些工作經歷中，他觀察了很多團隊的運行和管理，並總結出這條洛克忠告：「沒有有效的監督，就不會有滿意的工作績效。明智的管理者會利用監督這把利劍，促使員工們既有緊迫感，又滿懷熱情地投入到工作中去。」後來管理者們把這條忠告視為管理寶典。

在管理工作中，所謂有效的監督，其實就是讓項目在執行過程中遵守各種規定。俗話說：沒有規矩，不成方圓。規定在我們的生活中無處不在，就像該幽默故事中那樣，蒙哥馬利嚴格遵守部隊的規定，因而成為了一名優秀的將領；他的朋友嚴格遵守婚姻的規定，因此成為了一名合格的丈夫。

企業發展更需要規定，有了規定，就有了規章制度，員工們才能按部就班，滿懷熱情地工作，企業也才能良好運轉。

2018 年 Facebook 宣佈要開發數字貨幣 Libra，但這一計劃卻遭到美國眾議員的反對。在這樣的背景下，另一個企業沃爾瑪也高調宣佈要開發類似於 Libra 的加密數字貨幣，並且做出相關的戰略佈局。為此，沃爾瑪的管理者規定研發部的員工們緊鑼密鼓地進行數字貨幣核心技術區塊鏈的開發。

但在 2019 年之前，區塊鏈技術一直紛爭不斷，很多國家和政府都沒有對這項技術做出明確表態；所以很多人都對這項技術持觀望態度，這也包括沃爾瑪研發團隊的一部分員工。沃爾瑪的管理者為了有效監督員工們進行區塊鏈技術和數字貨幣的開發，對他們解釋說：「這個產品能夠改進我們的供應鏈服務和貨物配送服務，讓用戶享受到更精準且成本更低的服務。而且用戶還能對新鮮的果蔬進行追蹤並可溯源。」

沃爾瑪顯然是在做一件引領零售新模式的大事，但在這個過程中，他們對研發部的員工的規定只有這一條：研發區塊鏈技術並申請專利。他們要求員工必須嚴格遵守並有效執行。員工們在這條規定的監督下，馬上展開了熱情的工作，從 2018 年美國專利局透露沃爾瑪開發區塊鏈技術，到 2019 年美國專利局文件顯示沃爾瑪公司在研究發行穩定幣，僅用了一年的時間。這就是定下規定並有效監督的結果。

「洛克忠告」，其實就是中國古語所說的「令出必行」。在執行規定的這個過程中，管理者要做的是一定要把規定落實到位；不然的話，輕則影響企業發展，重則觸犯法律受罰。這可不是危言聳聽。

令出必行，有效監督。這是每一個管理者都必須要懂得的道理。

日常應用

洛克忠告我們：要讓員工嚴格遵守規定，就要令出必行。怎樣做到這一點呢？管理者可以從以下幾方面入手。

1 先通情，後達理

員工首先是個體的「人」，然後才是企業的員工。管理者想要讓員工聽你的指令，就要結合員工的實際情況進行深入淺出的說服，這樣能讓員工分清利弊，他們才會心悅誠服地接受你的安排。

2 拒絕以權服眾

很多管理者容易陷入一個謬誤：我有權安排你去做甚麼。可在實際工作中，這樣的效果並不好，並不能讓員工自發地遵守你的規定。要講究策略，讓員工心服口服，而不是以權壓人。

第 **8** 章

創新篇

挖掘動力，讓你立於不敗之地

舍恩定理
自信的年輕人

　　一個年輕人發現自己家被偷。偷盜者騎着一輛摩托車，離開前對他說：「年輕人，你追不上我的。」

　　「我一定能追上你！」年輕人説着，迅速追了上去。

　　他跑啊，跑啊！很快追上了偷盜者。可他並沒有停下來，而是越過偷盜者繼續往前跑。

　　路上有行人問他：「年輕人，你在跑甚麼？」

　　年輕人自信地回答：「偷盜者説我追不上他，可我現在已經把他遠遠地甩在後面啦！」

趣味點評

　　偷盜者騎摩托車，對跑步追趕的年輕人追上自己持懷疑態度；但年輕人對自己充滿自信，結果他跑贏了摩托車。「信不疑，則會開花結果。」美國麻省理工學院的教授舍恩根據這個現象，提出了著名的「舍恩定理」。

管理學解讀

「舍恩定理」的意思是說：只有相信自己，才能有積極的態度去實現自己所希望的目標。自信，是獲得成功不可或缺的前提之一。一個人有了自信，就敢於去積極挑戰，並最終獲得成功。

沒有自信，世界上就沒有成功。如果說，成功有三個因素的話，其中一個就是自信，另外兩個是行動和學習。任何人具備了這三者，就一定能在他所在的領域有所作為。而其中自信要佔百分之五十的份量，也就是說，當一個人滿懷自信的時候，他便已經成功了一半。身為個體，有了自信，就能踏上成功的坦途。對於團隊來說，有了自信，就能像幽默故事中的「年輕人」一樣奔跑在對手的前面。推銷團隊具有自信，顧客就會買下他們的推銷產品；演講團隊具有自信，聽眾就會接受他們傳播的思想；軍隊具有自信，就會凝聚成無堅不摧的力量；科技團隊具有自信，就能在「豆腐」上蓋起一座高聳入雲的大廈。

說起豆腐，都知道是軟軟的物體，別說蓋大廈，就連觸碰都需要小心翼翼才行。但真有這樣一個「在豆腐上蓋大廈」的團隊，這個團隊就是柔宇科技公司。公司創始人劉自鴻早在美國史丹福大學攻讀博士學位的時候，就萌生了製造超薄柔性顯示屏的念頭，他把它定位於「能持續很久、伴隨人類發展」的大事。

他想，人們現在出門都會帶電腦，但筆記本方方正正的顯示屏很不方便，如果擁有輕薄到可以捲起來的顯示屏就好多了，而且他也堅信自己能做到；於是經過刻苦鑽研和學習，劉自鴻掌握了許多做柔性傳感和柔性顯示的技術知識。

畢業後，劉自鴻馬上在矽谷和深圳開辦了公司創造柔性顯示屏。個人的自信是從小就開始積累於骨子裏的力量；但對於團隊來說，這一點是欠缺的，想要讓團隊具備自信，就需要培養員工們對公司新事物的自信。

劉自鴻對團隊成員說：「我們的事業，就好比是在豆腐上蓋大廈，要在豆腐上蓋大廈還能住人，上面的東西全部要變，不能再用鋼筋水泥，不然肯定把豆腐壓壞了。這是一件艱巨的任務；不過，我們一定能做到。」每天他都會工作到凌晨，每天他總是第一個到公司開始工作。這樣的專注和堅持激起了所有員工的工作熱情，團隊在他的帶領下信心十足地開始了創業。

創新，需要自信，也需要細心。劉自鴻說：「不仔細用心怎麼行？研發、製造超薄柔性顯示屏相當於在豆腐上蓋大廈，必須要創新才可以的。」他們對研發的產品進行精細地打磨和改良。在劉自鴻的帶領下，柔宇科技自信又細心地走在創新的路上，很快就成功研發出了厚度只有 0.01 毫米、捲曲半徑僅為 1 毫米的全球最薄柔性顯示屏。

互聯網時代，每個人都在吶喊創新，每個企業和團隊都在追求創新。但是，身為管理者，一定要明白一個道理：新事物，只有在真正相信它，並始終堅持不移地追求它的人手裏，才能生根發芽，開花結果。所以，在創新之前，要對自己所要研發創新的事物懷有信心，只有這樣，才能全力以赴做接下來的工作。

團隊的自信來源於每一個員工的自信，所以培養員工的自信很重要。像劉自鴻那樣以自己的自信激起員工的自信，是最直接、也最好的一種方法。但管理是一件複雜的工作，項目的不同、人員的不同，管理者屬性的不同，都會影響和決定員工自信度的萌生和增長。劉自鴻之所以能用自己的自信帶動員工，是因為他本身就是一名技術人員，他在技術層面能指導員工，以自信帶動自信。

但如果換成一名非技術人員來做創新團隊的管理者，事情就不會這麼簡單：因為管理者在技術層面無法深入，也就無法萌生技術層面的自信，當然也就無法帶動員工們的自信。此時要怎樣帶動員工的自信，進而提升整個團隊的自信呢？

這時，管理者就要學會發揮員工的長處，在每一次員工有所突破的時候，都及時讚美他、表揚他。這樣就能增加他們的信心。每個員工都有了信心，團隊的自信也就自然而然地建立起來了。

日常應用

創新是技術層面的內容，假如你是一名技術型管理者，那你就用你的自信帶動員工自信。假如你是一名非技術型管理者，想要讓你的團隊對新事物充滿自信，那麼你就要這樣做：

1 巧用肯定的措辭

每個人的自信都是從肯定中建立的，所以員工需要被肯定。面對員工的每一次進步，你都不要吝於讚美，多肯定他們就會帶給他們創新的力量。

2 給予員工充分的信任

要信任員工，把重要的工作交給他們去做，給他們空間，讓他們知道，你相信他們能做好。給予員工充足的信任，員工才能放開手去創造。

卡貝定理
愛因斯坦的放棄

愛因斯坦研究原子彈時，曾受到政府的阻攔。他告訴助理，是時候去休養一下了。

他心不在焉地問助理：「放棄實驗後，我要去哪兒休養呢？」

「隨便您，先生，」助理說，「挑一個您最喜歡的地方吧！」

「好的。我明天便動身。」

第二天，助理發現愛因斯坦不見了。後來，助理在實驗室看到了他：「先生，您應該去您喜歡的地方。」

愛因斯坦聳聳肩：「這就是我最喜歡的地方啊！」

趣味點評

顯然，對實驗癡迷的愛因斯坦來說，「放棄工作」這件事情失敗了，也正是如此，才讓他有了一個又一個的創新成果誕生。但在企業管理中，這種做法是很危險的，有時必須要學會放棄。因為對於企業發展而言，放棄有時候比爭取更有意義。美國電話電報公司的總裁卡貝因此提出了「放棄是創新的鑰匙」的「卡貝定理」。

管理學解讀

「**放棄有時比爭取更有意義。**」這句話對於戀愛中的人們來說耳熟能詳，因此戀愛觀中有一條最廣為流傳的言論：放手你爭取的東西，如果它彈回來，那麼它就屬你。這生動地詮釋了「放棄比爭取更有意義」這句話。事實上，這一點在管理中也同樣適用。

樂視為甚麼失敗？表面看是擴張太迅猛導致資金鏈斷裂，追究深層原因會發現，是公司想要創新成為多元化企業，卻只顧爭取而不懂得放棄而造成的後果。倘若公司擴張之時，管理者們能夠做到放棄那些看似好的、實質上卻阻礙公司發展的項目，那麼公司就能正確地運行。但因為管理者們捨不得放棄好不容易爭取到的項目，最終導致公司無法運轉而破產。

學會放棄，邁向成功

學會放棄的人，才能順利地走向成功。懂得放棄的管理者，才能讓公司持續創新並發展壯大。關於這一點，iPhone 公司的管理者喬布斯給所有的管理者上了一堂生動的課。

喬布斯開始創業時是和 Motorola 合作，在他們的手機裏加入 iPOD 的功能。但等產品做出來以後，喬布斯對產品並不滿意。他認為這款手機做得並不完美，雖然這已經是當時市場上最前衛、最高端的手機了，只要投放市場就一定能夠有非常好的效益。但喬布斯卻認為這並不是自己想要的完美手機，於是他斷然放棄了合作，也放棄了唾手可得的財富。

這樣的放棄有多麼可惜呢？從喬布斯朋友們的反饋當中就知道了。他們紛紛表示：「你做事情無非就是為了賺錢，到手的財富眼睜睜就放棄，你是不是傻？」由此可見，這種放棄對於喬布斯和他的團隊來說是一件多麼艱難的事情。

但喬布斯毅然選擇了放棄，他率領團隊把本來計劃用到 iPad 平板電腦上的 multi-touch 程序轉用到手機上來，還收購了 FingerWorks 的所有專利並全部整合到手機裏。這樣一來，沒有手機能夠與 iPhone 手機的程序相媲美了。即使這樣，喬布斯依然不滿足，他不僅要求手機內部完美，手機的外觀也要精美無比。於是他去聯繫當時最著名的玻璃廠商，要他們做出最優質、最酷炫的玻璃，如果不能做到最好，喬布斯就會推翻整個行動計劃從頭再來。他在蘋果手機上的細節要求達到了吹毛求疵的程度。

放棄是創新的鑰匙

「放棄合作」讓喬布斯有了獨立自主的權力，而這也是他打開「創新」這扇大門的鑰匙，從此他率領團隊奔跑在創新的路上。在蘋果公司開發部工作過的員工對這一點深有感觸。他們說：「曾經有一個細節需要修改，導致天線和電池都要挪動，換作其他公司的總裁，可能會直接發佈之前的版本。但是喬布斯卻不一樣，他要求我們按下 RESET 鍵，從頭做起。」這就是喬布斯做 iPhone 的態度，他要求每一個細節都是最完美的，如果不夠完美那就重做，如果不夠達標也要重做。事實證明，喬布斯苛刻的要求誕生出了手機界最精細最完美的產品。

正是因為懂得「放棄是創新的鑰匙」這個道理，所以喬布斯成就了 iPhone 手機稱霸手機行業多年的局面。

一個企業的管理者想要拿到這枚鑰匙，就需要具備高瞻遠矚的視角，對新事物樹立敬畏之心，把創新當成一種使命，而不是可有可無的事情。只有做到這一點，你的團隊才能擁有無人可以取代的特點和優勢，成為同類企業中的佼佼者。

如果一家企業已經陷入沒落的僵局，「放棄」尤為重要，只有放棄原有的產業，哪怕這個產業曾是企業的支柱，也要忍痛棄之，只有這樣才能讓企業起死回生。只有放棄了負累，才能全力以赴去開發並得到新的產品。

　　有很多企業雖然發展壯大，但卻並不懂得這個道理。比如諾基亞公司，在互聯網科技迅猛發展的時代，其他手機公司都在快速更迭，但諾基亞的管理者卻一直固守自己的業務模式，騰不出時間和精力去研發新的產品，最終導致被市場淘汰的下場。

日常應用

　　很多管理者面對戰略選擇的時候，無法做出放棄的決策，並不是捨不得，只是因為不確定，他們不確定放棄是不是真的能讓企業受益。面對這種情況時，我們可以這樣做：

1 縱覽全域，理性考量

　　管理者一定要有縱覽全域的眼光，否則就不知道放棄的界限和內容。縱覽全域之後，再做出理性的思考和判斷，就能把握進和退之間的尺度，也就能做出正確的放棄。

自吃幼崽效應
愛我這個人，還是愛我的名氣

　　黑人姑娘海曼和一個白人戀愛了，但因為膚色問題分了手。海曼決定要讓自己蛻變，她把失戀的痛苦都轉化為動力，最終成為了世界女排第一重炮手。

　　海曼成名後，白人前男友去找她，說：「親愛的，現在你已經是世界聞名的大球星，膚色問題不再是我們在一起的障礙。讓我們繼續做戀人吧！」

　　海曼回答：「我不知道你是愛我這個人，還是愛我的名氣。愛我這個人，那麼我仍然還是這麼黑。如果愛我的名氣，那麼請你去買票。」

趣味點評

　　海曼被拋棄後，並沒有放棄自己。她積極面對自己是黑人的事實，並努力拼搏成為強者。當前男友再回頭時，她已經充滿信心開始新的一頁了。

　　一個優秀的管理者也需要像這樣找出企業或團隊的弱點，並積極去面對它。只有糾正了弱點，才能生產出更好的產品，為用戶提供更好的服務。這種效應在管理學中稱之為「自吃幼崽效應」。

管理學解讀

　　自吃幼崽？有人或許會問：虎毒還不食子呢！更何況帶團隊、做企業，那樣殘忍的事情怎麼利於企業發展呢？事實上，這確實是管理者必須要面對的一個殘酷的事情。

　　管理界頗負盛名的達維多先生在擔任英特爾公司的副總裁時，英特爾正好面臨 IBM 公司的 PowerPC RISC 系列產品的挑戰。雖然當時英特爾公司的 486 處理器產品極其成功，但與 PowerPC RISC 系列產品相比，英特爾公司的微處理器的性能和速度都不是最好和最快的。長此以往，只怕 PowerPC RISC 系列產品就會趕超 486 處理器。

　　包括英特爾很多員工在內的大多數人都沒有意識到這個危機，他們依然沉浸在 486 處理器帶來的成功喜悅中。只有達維多冷靜地觀察到了這一點；於是，他做出了一個讓其他人不解的決策：犧牲 486 處理器，支撐奔騰 586。這個戰略的目的就是要比競爭對手搶先生產出速度更快、體積更小的微處理器。

　　達維多的決策很快得到了執行，當新產品生產出來後，人們發現這款產品的各項性能和指標，都遠遠高於之前就一直領先於其他處理器的 486 處理器；無論是 IBM 公司的 PowerPC RISC 系列產品，還是其他競爭對手的處理器，想要達到這個新標準簡直是癡人做夢。英特爾公司也因此一直稱霸於該領域。

　　把自己之前的產品淘汰掉，然後研發出更好的產品。達維多採用的正是「自吃幼崽」方法。這種方法也說明一個道理：**只有不斷淘汰自己產品的企業，才能獲得長遠的發展。**達維多總結出的這條管理學理論，被人們命名為「達維多定律」，因為這和動物界為了強壯而不得不吃掉自己幼崽的性質相似，所以又被人們稱之為「自吃幼崽效應」。

　　身為一名管理者，管理的企業規模有大有小，我們或許並不能經營一家國寶級產品的企業，而且經營方法也各不相同，但最

關鍵的一點是要平衡長期和短期的回報，最重要的是要讓公司在好與壞的局面下都能存活下去。只要做好「自吃幼崽」的工作，哪怕是一家吸管廠也能發展成一家大公司。

雙童吸管公司的管理者樓仲平，在創辦雙童吸管時，公司只是一家租廠房的小企業，生產普通的吸管，利潤不多。但那時吸管企業不多，所以雙童吸管也還能發展下去。經過努力發展，到2004年，企業有了屬自己的十八畝廠房，算得上是吸管領域的巨頭。

但是隨着互聯網時代的興起，科技產品如雨後春筍一般爭先湧出，且利潤驚人，相比起來，傳統的渺小的吸管利潤少得可憐。所有的廠家都不認為這個產品能有多大的發展前景，也不認為它有創新的出路，所以企業都是按照傳統方法，將它們按噸位兜售。

此時，佔據市場大部分占有率的樓仲平決定淘汰掉支撐自己全部江山的傳統吸管，他率領團隊進行創新，深挖吸管的智能性、新穎性和實用性，不久就製造出了各式各樣的吸管，它們有着不同的實用性：帶粉色紅心的長吸管專為戀人設計，心形腔體裏裝有水流止回和過濾裝置，解決了傳統情侶吸管必須兩人同步飲用的尷尬，還能防止液體回流導致交叉感染；帶藏藥圓球的吸管專為寶寶們設計，方便他們生病時吃藥。

為了達到創新的要求，樓仲平甚至專門設立研發部門，只要員工們能設計出新的吸管，他就會幫他們申請專利。現在，雙童吸管公司已經掌握了全球三分之二的吸管專利，而且利潤額節節攀升。雙童吸管公司之所以能取得這樣的成績，完全要歸功於管理者樓仲平敢於「自吃幼崽」的鍥而不捨的創新精神。

看吧，一個管理者，無論你在一個多麼微小的企業，做着多麼微小的管理工作，只要你敢於「自吃幼崽」去創新，就會有很大的發展空間。

　　想要公司更好地存活下去，關鍵就在於管理者是否把質量視為產品的靈魂，是否以精湛為核心，而這一切都是以創新為前提的。要創新，就要做到以下幾點：

1　要有危機意識

　　即使你的產品已經處於同類產品的榜首，也要有危機意識。有了危機意識，才能在產品製作上追求精益求精，研發新的，淘汰舊的，鍥而不捨，才能獲得創新，實現持續發展。

2　在傳統基礎上創新

　　創新不是一件簡單的事情，憑空創新的東西往往很難成功。最好的創新是基於傳統的、已有的產品上，去提升和融合科技技術。這是取得創新的一條便捷途徑。

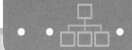

達維多夫定律
1 個新卓別靈和
99 個舊卓別靈

卓別靈成名後，湧現出很多模仿他的人。某家公司嗅出其中的商機，舉辦了一場卓別靈模仿比賽。

卓別靈覺得很有趣，也趕來參加比賽。後來結果出來了，卓別靈排名最後。得知最後一名是真卓別靈，所有人都覺得不可思議。

有人問：「卓別靈先生，為甚麼會是這樣的結果呢？」

卓別靈回答：「因為那是 99 個舊卓別靈和 1 個新卓別靈的比賽啊！」

趣味點評

99 個模仿者模仿卓別靈飾演過的角色，因為特意學習，所以模仿起來和他一模一樣。而卓別靈早已不是表演時候的自己，所以他表演的時候會在不知不覺中有所創新和改變，看起來就會不一樣。這種創新精神讓模仿比賽鬧了笑話，也正是這種創新精神讓卓別靈的演藝之路越走越寬。

心理學家達維多夫認為這種精神也是企業管理必不可少的，所以提出了「**沒有創新精神的人永遠都只能是一個執行者，不可能成為一名先驅者**」的「達維多夫定律」。

管理學解讀

達維多夫的全名叫瓦西裡·瓦西列維奇·達維多夫，他是蘇聯著名的心理學家和哲學家，一直深耕心理學領域，但對企業管理也有着極大興趣。在觀察了眾多的公司發展歷程後，他總結出著名的「達維多夫定律」。這條定律告訴我們：**想要讓公司成功，首先要具備的就是創新精神。**

世界日新月異，我們需要用創造性的思維去看待發展，才能給企業注入旺盛的生命力。北島有一句著名的詩句「高尚是高尚者的墓誌銘，卑鄙是卑鄙者的通行證。」在企業管理中這句話也同樣適用，那就是「保守是保守者的墓誌銘，創新是創新者的通行證。」

在企業發展過程中，如果管理者只是保守着固有思想，一直不思進取和不做改變，那麼企業遲早會被淘汰，留給世界的也只有一塊「保守」的墓誌銘，這一點，諾基亞公司就是典型的案例。

諾基亞手機剛出品時受到了無數手機用戶的青睞，它的牢固度和持久續航能力是同類產品無法與之相比的，諾基亞手機也因此在手機市場份額中一度佔據半壁江山。但可惜的是，諾基亞拒絕創新。在互聯網如此發達的今天，它不能登錄 QQ、不能收發郵件、不能上 whatsapp、不能看新聞，甚至都沒有智能功能這個高科技社會必備的硬件。在如今這個就連小朋友都要求手機上網的時代，諾基亞這樣的手機是註定要被市場淘汰的。

當諾基亞已經成為歷史，人們每次談到手機，總是會提到諾基亞的續航功能和堅固特點，這是它的墓誌銘。它給各家企業提出警示：「要創新！創新才是當今時代的通行證。」

倘若管理者懂得創新，堅持創新，那產品就一定會引領市場風潮，從而受到用戶的青睞。因此說，創新是創新者的通行證。與諾基亞手機同一時代的蘋果手機便是拿到這張通行證的產品。蘋果公司的管理者喬布斯率領團隊從研發出蘋果那一天起，這款

產品便成為消費者的奢侈品，它只用了幾年時間便佔領了整個手機市場。蘋果之所以能夠取得這樣的成績，要歸功於它的創新。

每年蘋果手機的發佈會上總是會推出幾款新產品，這些新產品總是有新的功能，這種創新讓人期待和嚮往，哪怕一年換一次手機，用戶都覺得物有所值；這就是創新的魅力。

在當今經濟如此活躍的時代，市場一片繁榮昌盛。無數企業家們投入到這個市場，他們生產出了許多產品，為人們的生活帶來了各種新穎的享受和體驗。但消費者是最挑剔的上帝，他們會因為你產品中的某一項功能，甚至可能因為普通的外觀就否決掉這款產品，從而導致企業的破產。

因此，想要在這個市場上生存下來並獲得成功，就需要有創新精神。只有具備了追求極致的品質，才可能專注於產品的開發和製作，才可能生產出接近完美的產品，留住消費者的心。但一開始就能做到這一點的企業家並不多，所以能夠長存幾百年的老企業很少。有一部分面臨危機的企業家意識到了這一點，他們迅速調整並具備創新思維；因此，產品有了創新，變得更加完美，從而贏得了市場。

所謂創新，就是在舊的產品基礎上做出獨特的新穎的功能。就像幽默故事中的卓別靈，此時的他已經不再是以前的他，只會比以前的他更成熟，更豁達。創新出來的產品也不再是以前的產品，是根據市場需求做出的創新；因此，只會比以前的產品更精湛、更優良，也更受到消費者的青睞，從而贏得市場。

即使是一個瀕臨破產的企業，只要管理者秉承創新理念，率領團隊把產品做到極致，為消費者提供超越他們期望值以上的產品功能，該企業也會擁有起死回生的能力。

日常應用

在日常管理中，怎樣才能培養自己的創新思維呢？

1　拋棄舊觀念，超越自己

要時刻告訴自己，市場競爭是殘酷的，觀念要時刻更新。只有拋棄舊觀念，時刻超越自己，才能在市場競爭中脫穎而出。

2　小改變引出大商機

創新不分大小，重要的是能滿足市場需求。創新不是要我們去做多麼高科技的產品，有時候我們只需要跳出傳統陳舊的觀念，做出一點小改變，就能產生意想不到的效果。

創新篇：挖掘動力，讓你立於不敗之地

吉寧定理
蒙哥馬利的私密情書

　　倫敦修建紀念非洲戰爭的博物館時，收錄了英國軍事家蒙哥馬利的一封信。

　　蒙哥馬利的筆跡很潦草，很難辨認，管理人員看了很多次都不確定內容是甚麼，但博物館負責人不允許去找蒙哥馬利求證。

　　「諸位去找蒙哥馬利先生求證，那可是一個大大的錯誤。」

　　「為甚麼？」

　　「要麼會被人說你們蠢，要麼會被人說蒙哥馬利先生字醜。」

　　管理人員問：「那怎麼辦？」

　　負責人說：「我自有辦法，把它作為貴重展品放進去吧！」

　　過了一些天，蒙哥馬利來到博物館饒有興趣地參觀，然後他看到了那封信。他愣住了，問負責人：「這封信是哪裏弄到的？」

　　博物館負責人有點諂媚又有點得意地回答：「這是著名的托布魯克戰役中，您親自制定的進攻計劃書吧！」

　　「糊塗！」蒙哥馬利生氣地嚷，「這是我寫給我老婆的私密情書。」

博物館負責人因為害怕犯錯，所以不加求證，就把一份不知內容的信放在大庭廣眾之下展覽，等於把蒙哥馬利先生的隱私公開給世人看。他本來是擔心要是指出蒙哥馬利的字跡潦草會引起蒙哥馬利的不快，沒想到最後把蒙哥馬利惹怒了。歸根結底，博物館負責人出錯的原因是他害怕犯錯誤。

不能因為害怕犯錯誤就不敢去嘗試和求證。 管理學家針對這一現象，提出了著名的「吉寧定理」。

管理學解讀

「吉寧定理」是美國著名管理學家、多布林諮詢公司總裁吉寧先生經過研究後得出的理論。這條理論告訴人們：真正的錯誤原因不是能力不足，而是害怕犯錯。在我們的工作中，經常會出現這種現象。

管理者和員工不同，他肩負著更大的責任，倘若犯了錯誤，就會承擔更大的風險，這風險甚至會大到慘不忍睹的地步。英國第二大建築和服務提供商卡里利恩公司便是一個經典案例。

該公司是英國政府最大的合作建築商，由於管理者的優秀運作，該公司不但拿下英國高鐵二號線、曼徹斯特空港城等項目，而且還為英國鐵路第二次大維護提供服務。在英國，卡里利恩公司有著舉足輕重的位置。

然而，就是這家企業的管理者，在連續承包政府部門多達450個大項目後，公共部門出現了難以運轉的問題。管理者也知道公共部門出現問題是因為公司承接了大量高風險低利潤的政府項目，但即使是這樣，管理者們也不敢停止和政府部門的項目合作，他們擔心停止和政府部門合作，政府部門會為難他們，導致公司再無項目可接。

卡里利恩公司的管理者們因為害怕犯錯，不敢去嘗試停止拖累公司的政府項目，直接導致公司出現債務問題。但即使是這樣，這些管理者們還是不敢去改變現狀。他們就像該幽默故事的那個「博物館負責人」一樣，害怕停止合同會引起政府的不快，甚至不敢去說明情況；所以只能對「公司承接過量高風險低利潤的政府項目」這一錯誤視而不見。

　　我們都知道，錯誤不改的話，情況只會越來越糟糕。卡里利恩的管理者任其錯誤發展，直接導致公司累計債務高達 15 億英鎊，公司股票也從每股近 200 便士下跌到 50 便士以下，卡里利恩最終破產。

　　這個血淋淋的案例告訴我們：企業管理者犯了錯不可怕，可怕的是犯了錯卻不敢去求證並糾正，只是一味地一錯再錯。一定要記住，人無完人，管理者也是人，所做的決策並不總是完全正確的。管理者難免會做出錯誤的戰略部署，這時千萬不要忽略它、掩蓋它，而是要及時找出錯誤的原因，並加以改正。因此管理者最難能可貴的就是不怕犯錯，摔倒了爬起來再走就是；犯了錯經過求證後，調整戰略向正確的道路前進，才是最明智之舉。

　　帕斯誇爾列夫說：「不要擔心犯錯誤，不要害怕失敗。在前進的途中，你所有的錯誤和失敗，都是通往成功的踏腳石。」

日常應用

管理者在帶領團隊的過程中,總是不可避免地會犯一些錯誤。日常工作中,管理者經常會犯哪些錯誤呢?

1 墨守成規

在這個科學技術迅猛發展的時代,無論外部環境還是內部環境,都是瞬息萬變的,在這種環境下工作的管理者,最常犯的錯誤是「墨守成規」。一直固守着傳統的經驗和方法,就會被時代淘汰。所以管理者需要創新和改變。

2 敢於承擔

管理工作中首先要做的是戰略部署。但外部環境變化太快,戰略部署總會有跟不上形勢發展的時候,而改動戰略部署又是一件非常麻煩的事情,所以這時候很多管理者會選擇將錯就錯。但這是錯誤的,我們要敢於承擔戰略部署的錯誤,並做出及時調整和修正,以確保企業永遠行進在正確的道路上。

一書讀透
管理學
關鍵詞

著者
夢芝

責任編輯
譚麗琴

裝幀設計
羅美齡

排版
辛紅梅

出版者
萬里機構出版有限公司
香港北角英皇道499號北角工業大廈20樓
電話：2564 7511　　傳真：2565 5539
電郵：info@wanlibk.com
網址：http://www.wanlibk.com
　　　http://www.facebook.com/wanlibk

發行者
香港聯合書刊物流有限公司
香港荃灣德士古道 220-248 號荃灣工業中心 16 樓
電話：2150 2100　　傳真：2407 3062
電郵：info@suplogistics.com.hk

承印者
中華商務彩色印刷有限公司
香港新界大埔汀麗路 36 號

出版日期
二〇二一年二月第一次印刷

規格
特 32 開（213 mm × 150 mm）